目　次

前　言

本标准的附录 D、附录 E、附录 F、附录 G、附录 H 为资料性附录。

本标准的附录 A、附录 B、附录 C、附录 I、附录 J、附录 K、附录 L 为规范性附录。

本标准由国家电网公司安全监察质量部提出并解释。

本标准由国家电网公司科技部归口。

本标准起草单位：平高集团有限公司。

本标准主要起草人：吴有民、郭豫襄、王普庆、路寿山、刘宝升、冯林杨、刘振、王永、吴俊、苏超、马月、吕侠。

本标准首次发布。

国家电网公司电工制造安全工作规程

1 范围

本标准规定了工作人员在变压器、组合电器、断路器、隔离（接地）开关、互感器、电线电缆、杆塔、复合绝缘子、高压高温管件、风电设备、自动化控制设备等电工电气产品的加工、制造场所应遵守的基本安全要求。

本标准适用于在国家电网公司系统电工电气产品的机械加工与制造、起重与运输、涂装与电镀、装配与调试、检测与试验等相关场所工作的所有人员，其他场所的相关人员参照执行。

2 规范性引用文件

下列文件对于本文件的应用是必不可少的。凡是注日期的引用文件，仅注日期的版本适用于本文件。凡是不注日期的引用文件，其最新版本（包括所有的修改单）适用于本文件。

GBZ 1 工业企业设计卫生标准

GBZ 2.1 工作场所有害因素职业接触限值 第 1 部分：化学有害因素

GBZ 2.2 工作场所有害因素职业接触限值 第 2 部分：物理因素

GBZ 158 工作场所职业病危害警示标识

GB 2894 安全标志及其使用导则

GB/T 3805 特低电压（ELV）限值

GB 4053.1 固定式钢梯及平台安全要求 第 1 部分：钢直梯

GB 4053.2 固定式钢梯及平台安全要求 第 2 部分：钢斜梯

GB 4053.3 固定式钢梯及平台安全要求 第 3 部分：工业防护栏杆及钢平台

GB 4208 外壳防护等级（IP 代码）

GB 5082 起重吊运指挥信号

GB 5083 生产设备安全卫生设计总则

GB/T 5972 起重机 钢丝绳 保养、维护、安装、检验和报废

GB 6067.1 起重机械安全规程 第 1 部分：总则

GB/T 10051.1 起重吊钩 第 1 部分：力学性能、起重量、应力及材料

GB/T 10051.2 起重吊钩 第 2 部分：锻造吊钩技术条件

GB 13495 消防安全标志

GB 15735 金属热处理生产过程安全、卫生要求

GB 50016 建筑设计防火规范

GB 50034 建筑照明设计标准

GB 50054 低压配电设计规范

GB 50058 爆炸危险环境电力装置设计规范

GB 50140 建筑灭火器配置设计规范

GB 50168 电气装置安装工程电缆线路施工及验收规范

GB 50217 电力工程电缆设计规范

JB/T 8521.1 编织吊索 安全性 第 1 部分：一般用途合成纤维扁平吊装带

JB/T 8521.2 编织吊索 安全性 第 2 部分：一般用途合成纤维圆形吊装带

LD 48　起重机械吊具与索具安全规程

Q/GDW 1434.6　国家电网公司安全设施标准　第 6 部分：装备制造业

ISO 2408　一般用途钢丝绳 最低要求（Steel wire ropes for general purposes – Minimum requirements）

3　术语和定义

下列术语和定义适用于本标准。

3.1

高处作业　high-place operation

凡在坠落高度基准面 2m 及以上有可能坠落的高处进行的作业。

3.2

交叉作业　cross-operation

两个或以上工种在同一个区域同时作业，或在空间贯通状态下，同时在不同层次中作业。

3.3

有限空间作业　limited space operation

进入封闭或部分封闭，进出口较为狭窄有限，未被设计为固定工作场所，自然通风不良，易造成有毒有害、易燃易爆物质积聚或氧含量不足的空间实施的作业活动。

3.4

危险化学品　dangerous chemical

具有毒害、腐蚀、爆炸、燃烧、助燃等性质，对人体、设施、环境具有危害的剧毒化学品和其他化学品。

3.5

特种设备　special equipment

由国家认定的，因设备本身和外在因素的影响容易发生事故，并且一旦发生事故会造成人身伤亡及重大经济损失的危险性较大的设备。主要包括锅炉、电梯、起重机械、场（厂）内专用机动车辆、压力容器（含气瓶）、压力管道等。

3.6

特种设备作业人员　special equipment operating personnel

锅炉、压力容器（含气瓶）、压力管道、电梯、起重机械、场（厂）内专用机动车辆等特种设备的作业人员及其相关管理人员。

3.7

特种作业人员　special operations personnel

从事容易发生事故，且对操作者本人、他人的安全健康及设备、设施的安全可能造成重大危害的作业的人员。

3.8

动火作业　hot work

在禁火区进行焊接与切割作业，以及在易燃易爆场所使用喷灯、电钻、砂轮等进行可能产生火焰、火花和炽热表面的临时性作业。

3.9

易燃易爆场所　inflammable and explosive area

符合 GB 50016 中甲类、乙类火灾危险等级标准的生产或储存物品的场所。

3.10

粉尘爆炸危险场所　area subject to dust explosion hazards

存在可燃粉尘和气态氧化剂（主要是空气）的场所。

3.11

危险源　hazard

可能导致人身伤害和（或）健康损害的根源、状态或行为，或其组合。

3.12

低压临时用电　temporary low voltage power

从低压配电室（或开关）出线端引出移动式电源箱，或者从固定的低压配电箱、柜、板上引出临时供电线路的用电方式。

4　总则

4.1　作业人员的基本条件

4.1.1　经医师鉴定，无妨碍工作的病症（体格检查每两年至少一次）。

4.1.2　具备必要的电气、机械等知识和业务技能，且按工作性质，熟悉本标准的相关部分，并经考试合格。

4.1.3　具备必要的安全生产知识，掌握与本岗位有关的应急救援方法。

4.1.4　根据作业要求，正确佩戴相应的劳动防护用品。

4.2　教育和培训

4.2.1　各类作业人员应接受相应的安全生产教育和岗位技能培训，经考试合格上岗。

4.2.2　作业人员对本标准应每年考试一次。因故连续离岗三个月以上者，应重新学习本标准，并经考试合格后，方能上岗工作。

4.2.3　新入职人员、实习人员和临时参加劳动的人员，应经过安全知识教育并考核合格后，方可从事指定的工作，并且不得单独作业。

4.2.4　参与工作的外单位人员应熟悉本标准，经考试合格，并经对口业务管理单位认可，方可参加工作。工作前，对口业务管理单位应告知现场危险源和安全注意事项。

4.3　生产现场的基本条件

4.3.1　一般规定

4.3.1.1　生产场所的各类生产设备应符合 GB 5083 的规定。

4.3.1.2　作业区域中，产生相同职业危害因素的作业应相对集中，且与其他作业区域分离。含有职业危害因素作业的区域应与员工休息间、会议室等人员聚集场所隔离。

4.3.1.3　厂区内应在醒目位置设置公告栏，在存在安全生产风险的岗位设置告知卡，分别标明本单位、本岗位主要危险危害因素、后果、事故预防及应急措施、报告电话等内容。

4.3.1.4　存在重大危险源的场所应设置明显标志，标明风险内容、危险程度、安全距离、防控办法、应急措施等内容。

4.3.1.5　在有重大事故隐患和较大危险的场所和设施、设备上应设置明显标志，标明治理责任、期限及应急措施。

4.3.1.6　应在工作场所，以简明提示或悬挂安全操作规程等方式标明安全操作要点。

4.3.1.7　锻造、金属热处理、涂装、冲压、木工等有特殊要求场所的安全生产条件应符合相关标准的规定。

4.3.1.8　作业区域内车行道宽度应大于 3.5m，专供叉车通行的单行道应大于 2m。人行安全通道宽度应大于 0.8m，分隔线应清晰、准确。

4.3.1.9　车行道、人行道上方的悬挂物应牢固可靠。

4.3.1.10　主干道及人行安全通道应无占道物品，路面应平坦，无积油、无积水、无绊脚物。为生产而设置的深大于 0.2m、宽大于 0.1m 的坑、壕、池应设置盖板或护栏，夜间应有照明。设备设施之间、设备设施与墙（柱）间的距离应符合相关标准的规定，或采取安全隔离。

4.3.1.11　动力管线的安全距离应符合 GB 50016 的规定。

4.3.1.12　固定电气线路敷设应避免环境因素及各种机械应力等外部作用而带来的损害；安全净距应符

合 GB 50054 的相关规定；电缆线路应符合 GB 50168、GB 50217 的相关规定。

4.3.1.13 工位器具、料箱应设计合理，结构牢固，无脱焊、凹陷、腐蚀等缺陷。现场应摆放整齐、平稳，高度合适，沿人行通道两边无突出物品或锐边物品。

4.3.1.14 操作工位的脚踏板应完好、牢固，且防滑。

4.3.1.15 车间内生产作业点、工作台面和安全通道的照度应符合 GB 50034 的相关规定，且照明灯具完好、有效。安全通道应配备应急照明灯。

4.3.1.16 登高梯台的结构和材质应符合 GB 4053.1、GB 4053.2、GB 4053.3 的相关规定。

4.3.2 动力（照明）配电要求

4.3.2.1 易燃易爆场所和火灾危险环境中的配电箱（柜、板）应符合 GB 50058 的相关规定。

4.3.2.2 粉尘爆炸危险场所、潮湿或露天、腐蚀性环境中的配电箱（柜、板）应符合 GB 4208 的相关规定。

4.3.3 危险化学品作业场所要求

4.3.3.1 危险化学品的使用现场应有良好的自然通风，狭小作业场所应设置机械通风；使用现场危险化学品的存放量不应超过当班使用量。

4.3.3.2 危险化学品的使用现场应根据其存放或使用物品的特性，采取相应等级的防爆电器；使用场所的设备、工艺管道应设置导除静电的接地装置。

4.3.3.3 危险化学品的使用现场与高温区、明火产生点的间距应大于 30m，如有可靠的通风装置时应大于 6m。

4.3.4 作业场所职业卫生条件

4.3.4.1 产生职业危害的作业场所应设有与其相适应的防护设施和控制措施，并完好、有效。

4.3.4.2 存在职业病危害因素的作业场所，应按照 GBZ 1 的相关规定，设置浴室、更/存衣室、盥洗室。

4.3.4.3 职业危害因素的强度或浓度应符合 GBZ 2.1、GBZ 2.2 的规定限值。

4.3.4.4 辐射装置、工业探伤等使用强辐射源的工作场所均应设置安全联锁和超剂量报警装置，并完好、可靠。

4.3.5 作业场所安全警示标志设置要求

4.3.5.1 作业场所的危险部位均应设有相应的安全标志，并符合 GB 2894 和本标准附录 A 的规定。

4.3.5.2 消防设施、重要防火部位均应设有明显的消防安全标志，并应符合 GB 13495 和本标准附录 B 的规定。

4.3.5.3 职业危害因素发生源现场应设有明显的警示标志，并符合 GBZ 158 和本标准附录 C 的规定。

4.3.6 作业场所应急条件

4.3.6.1 作业场所应在明显位置悬挂应急疏散图，应急疏散通道和区域应满足应急响应的需要。

4.3.6.2 作业场所灭火器的配置应符合 GB 50140 的相关规定，灭火器、室内消火栓等消防器材摆放合理，标识明显，周边 1m 范围内无障碍物，且在有效期内。重点部位应设置自动报警灭火装置，并灵敏、可靠。

4.3.6.3 可能产生急性职业损伤的作业场所应配置现场急救物资和用品。

4.4 推广“四新”安全要求

在生产中推广使用新技术、新工艺、新设备、新材料（简称“四新”）时，应制定相应的安全措施，经本单位批准后执行。

4.5 违章与紧急情况处置要求

任何人发现有违反本标准的情况，应立即制止，经纠正后才能恢复作业。作业人员有权拒绝违章指挥和强令冒险作业；在发现直接危及人身、重要设备安全的紧急情况时，有权停止作业或者在采取可能的紧急措施后撤离作业场所，并立即报告。

5 保证危险作业安全的组织措施

5.1 安全组织措施种类

在生产场所从事高处作业、有限空间作业、大型吊装作业、动火作业、低压临时用电作业等危险作业时，应落实作业分析制度、作业申请制度、作业监护制度、作业终结及间断制度等保证安全的组织措施。

5.2 作业分析制度

5.2.1 作业风险程度分级。根据现场作业的风险程度，将危险作业分为高度危险和一般危险两类。高度危险作业主要包括：企业首次实施的危险作业、一级动火作业、II级及以上高处作业、有限空间作业、大型吊装作业，以及交叉、大型、复杂等特别危险的作业。其他危险作业为一般危险作业。企业可根据安全生产实际，补充、细化高度危险作业的类型。

5.2.2 危险辨识和分析。进行危险作业前，作业单位应从作业方法、作业环境、人的不安全行为、物（机具、设备、器材等）的不安全状态、作业管理的相关因素等方面系统分析，辨识出危害因素，对可能产生事故的种类、诱因进行分析，确定风险等级。

5.2.3 制定对策措施。根据辨识和分析情况、风险等级，按照国家有关标准、规范和公司制度要求，制定组织措施、技术措施和安全措施。高度危险的作业还应编写作业方案，同时制定突发情况下的应急救援措施，经相关职能部门会签，本单位（部门）负责人批准。

5.2.4 进行危险辨识和分析前，作业审批人或负责人认为有必要进行现场勘察时，应根据工作任务组织现场勘察，查看作业现场的条件、环境及其他危险源等情况，并做好记录。

5.3 作业申请制度

5.3.1 危险作业开始前，作业单位（部门）应根据作业内容，填写相应的作业申请单，明确作业的相关要素，列明作业风险和对应措施，其格式参照附录 D～附录 H。

5.3.2 危险作业申请审批前，安全、技术、设备等有关人员应亲临现场，进行必要的勘察和检测，确认防护和救护措施有效后方可签署审核意见。

5.3.3 危险作业申请单除须经相关主管部门审查外，应视危险程度分级审批；高度危险作业由单位负责人最终审批，一般危险作业由安全管理或消防管理部门负责人审批。

5.4 作业监护制度

5.4.1 危险作业现场应有明显标志，并有专人监护。

5.4.2 作业负责人应会同监护人进行现场安全措施落实情况核查和安全交底（交代监护范围内的安全措施、告知危险点和安全注意事项，并签名），并经监护人同意后，方可开始工作。

5.4.3 监护人基本条件：安全意识和责任心强；具备一定的技术素质及作业经验（工作年限满 3 年～5 年），熟知作业流程、操作方法，能够识别作业主要危险点，并有能力采取相应的预控措施。

5.4.4 监护主要内容：落实作业指导书（施工方案）、安全技术措施；确认危险作业人员操作资格和健康状况；检查各类工器具、机械设备、安全防护、劳动防护等配备情况；重点部位与作业环节的事故预控措施落实情况，以及现场发生突发事件的应急处置等情况。

5.4.5 监护一般要求：

a） 监护人应始终在作业现场监督作业安全，不得从事其他任何工作，不得擅离岗位。因故离开现场时，作业负责人必须另行指定监护人，履行变更手续，并告知全体被监护人员；

b） 监护人应全过程检查作业现场防护措施落实情况，监督作业风险，确保作业安全；有权制止无关人员进入作业区域，制止“三违”（违章指挥、违章作业、违反劳动纪律），及时纠正被监护人员的不安全行为；对安全隐患有权提出处理意见，阻止安全措施不到位的危险作业；

c） 高度危险作业时，单位负责人和安监、技术、设备等相关部门主管人员应现场监督。

5.5 作业终结、间断制度

5.5.1 作业完工后，应恢复所布置的安全措施（移除装设的护栏围网、取下悬挂的警示标识、拆除已安装的电气接线、开放已封闭的通道等），切断有关设备的电源、气源，清扫整理现场。

5.5.2 作业终结时，作业负责人应会同监护人（必要时还应会同作业场所管理单位责任人）共同组织验收检查，并在作业申请单的相应栏目签名。检查内容主要包括：安全措施是否已全部恢复，现场有无遗留个人物品和其他工具、材料，人员、设备是否全部撤离，动火作业时还应检查现场有无残留火种、是否清洁。

5.5.3 作业终结后，作业负责人应向有关部门和人员汇报。必要时应对作业进行分析、总结，并做好记录。

5.5.4 作业过程中，如遇雷、雨、大风、停电等任何威胁到作业人员安全的情况时，作业负责人或监护人应下令暂停工作。

5.5.5 作业间断时，若作业人员离开作业现场，应采取防止现场发生意外的措施或派人看守。恢复作业前，作业负责人、监护人应检查现场安全措施的完整性和设备、设施的完好状况。

6 通用作业

6.1 基本要求

6.1.1 对从事电工、金属焊接与切割等特种作业（种类见附录 I）的人员，以及起重机械、场（厂）内专用机动车辆、压力容器（含气瓶）等特种设备作业人员，应进行安全生产知识和操作技能培训，经有关部门考核合格并取得操作证后，方可上岗。

6.1.2 专用设备应在其规定的加工范围内使用，不得超范围使用。

6.1.3 各类设备设施在投入使用前，应编写完整、有效的作业指导书（或操作规程），并经审核后方可执行。

6.1.4 特种设备须经检验检测（检验检测项目及周期见附录 J）合格，且注册登记，取得使用许可证后，方可使用。

6.1.5 各类设备、工器具应有产品合格证，应按规定进行定期检验（起重工具检验项目及周期见附录 K），并在合适、醒目的位置粘贴检验合格证。

6.1.6 作业前，应开展设备点检，重点检查各类机械、设备与器具的结构、连接件、附件、仪表、安全防护与制动装置等齐全完好，并根据额定数据选用，根据需要做好接地、支撑等措施，开启照明、监测、通风、除尘等装置。

6.2 厂内用电作业

6.2.1 厂内用电作业应执行《国家电网公司电力安全工作规程（配电部分）（试行）》相关规定。

6.2.2 在潮湿、有限空间等特殊场所用电作业，应执行 GB/T 3805 相关规定。

6.2.3 低压临时用电作业前应填写低压临时用电申请单，履行审批手续，并符合如下规定：

a） 低压临时用电作业申请单是低压临时用电作业的依据，不得涂改、不得代签，应认真登记，妥善保管；

b） 低压临时用电每次申请使用期限不得超过 15 天，若需延长应办理延期手续。同一低压临时用电作业最长时间不得超过三个月；

c） 使用现场应设有安全警示标志，配置符合安全规范的移动式电源箱，或按规范要求从固定的低压配电箱（柜、板）上供电；

d） 在防爆场所使用的临时电源，电器元件和线路应达到相应的防爆技术要求，并采取相应的防爆安全措施；

e） 现场临时用电供电设施的停送及现场临时用电的安装和拆除，应由电气专业人员负责操作，严格执行有关的电气安装规范和电气专业安全规程；

f） 临时供电设施或现场用电设施，应安装剩余电流动作保护器，移动电器、手持式电动工具应加装独立的电源开关和保护，满足“一机一闸一保护”的要求，严禁一个开关控制两台及以上用电设备；

g） 临时线架空时，其高度在室内应大于 2.5m，室外应大于 4.5m，跨越道路时应大于 6 m；与其他设备、门、窗、水管等的距离应大于 0.3m；未做好绝缘措施不允许用金属物作电线支撑物；沿地面敷设时应有防止线路意外损坏的保护措施；

h） 未经批准，不得变更作业地点和内容，禁止任意增加用电负荷。

6.3 高处作业与交叉作业

6.3.1 高处作业

6.3.1.1 从事高处作业的人员应每年进行一次体检，保证身体健康。患有精神病、癫痫病或经医师鉴定不宜从事高处作业病症的人员，不准参加高处作业。凡发现工作人员有饮酒、精神不振时，禁止登高作业。

6.3.1.2 高处作业人员应衣着灵便，穿软底防滑鞋，正确佩戴安全带等个人防护用具。工作前应认真检查安全设施的完好情况。

6.3.1.3 高处作业时，地面无关人员不得在坠落半径内停留或穿行。距基准面不同高度的可能坠落范围半径见表 1。

表 1 距基准面不同高度的可能坠落范围半径

高处作业等级 （h 为作业高度）	Ⅰ级 （2m≤h≤5m）	Ⅱ级 （5m＜h≤15m）	Ⅲ级 （15m＜h≤30m）	Ⅳ级 （h＞30m）
可能坠落范围半径 m	3	4	5	6
注：可能坠落范围半径是为确定可能坠落范围而规定的相对于作业位置的一段水平距离。				

6.3.1.4 高处作业所使用的梯子、平台、走道、斜道等应牢固，必要时设置防护栏杆。

6.3.1.5 在轻型或简易结构的屋面上工作时，应有防止人员坠落或屋面失稳的可靠措施。

6.3.1.6 高处作业地点、各层平台、走道上的工作人员与堆放物件总质量不得超过允许载荷。

6.3.1.7 企业自制的高处作业平台，应经计算、验证合格。

6.3.1.8 高处作业所用的工具和材料应放在工具袋内或用绳索拴在牢固的构件上，上下传递物件应使用绳索，不得抛掷。

6.3.1.9 高处作业人员上下时，应沿登高梯或使用合格的其他攀登工具，禁止使用绳索或拉线上下。

6.3.1.10 高处作业人员不得坐在平台、孔洞边缘，不得骑坐在栏杆上，不得站在栏杆外工作或凭借栏杆起吊物件。

6.3.1.11 高处作业时，各种工件等应放置在牢靠的地方，并采取防止坠落的措施。

6.3.1.12 高处作业过程中，应随时检查安全带和后备防护设施绑扎的牢固情况。禁止将安全带低挂高用。

6.3.1.13 高处作业人员在攀登或转移作业位置过程中不得失去保护。

6.3.2 交叉作业

6.3.2.1 交叉作业应采取可靠的防高处落物、防坠落等防护措施。

6.3.2.2 交叉作业场所的出入口应设围栏、悬挂警示标志。

6.3.2.3 交叉作业时，上下层人员应相互配合，上层物件未固定前，下层应暂停作业。

6.4 有限空间作业

6.4.1 实施有限空间作业前，应分析存在的危险有害因素，制定有限空间作业方案，经审批后方可实施。作业前应进行安全交底。

6.4.2 有限空间出入口应保持畅通并设置明显的安全警示标志和警示说明。

6.4.3 作业入口处应设置专职监护人员，作业时不得离开作业现场，并与作业人员保持联系，及时掌握作业人员的安全状况。

6.4.4 作业前，应按有关规定对作业场所中的危险有害因素进行定时检测或者连续监测，检测内容包括：氧浓度、易燃易爆物质（可燃性气体、爆炸性粉尘）浓度、有毒有害气体浓度。未经检测合格，任何人员不得进入有限空间作业。检测的时间不得早于作业开始前 30min。

6.4.5 在有限空间内作业时，应采取通风措施，保持空气流通，禁止采用纯氧通风换气。作业中断超过 30min，应当重新通风、检测合格后方可进入。

6.4.6 检测人员进行检测时，应当采取相应的安全防护措施，防止中毒窒息等事故发生。

6.4.7 有限空间内盛装或者残留的物料对作业存在危害时，作业前应对物料进行清洗、清空或者置换，危险有害因素符合相关要求后，方可进入有限空间作业。

6.4.8 发现通风设备停止运转、有限空间内氧含量浓度低于或者有毒有害气体浓度高于国家标准或者行业标准规定的限值时，应立即停止有限空间作业，清点作业人员，并撤离作业现场。

6.4.9 作业所用电气设备应符合有关用电安全技术操作规程。照明应使用 36V 以下的安全电压，潮湿环境下应使用 6V 的安全电压。使用超过安全电压的手持电动工具，应配备剩余电流动作保护器。

6.4.10 有限空间作业结束后，工作负责人、监护人员应对作业现场的作业人员和工器具进行清点，撤离全部作业人员。

6.4.11 有限空间作业过程中发生事故时，现场有关人员应立即报警（报告），禁止盲目施救。应急救援人员实施救援时，应当做好自身防护，配备必要的呼吸器具、救援器材。

6.5 起重作业

6.5.1 一般规定

6.5.1.1 起重设备、吊索具和其他起重工具的工作负荷不得超过铭牌规定的额定值。起重工器具达到附录 L 规定的条件时应予以报废，严禁使用已达报废标准的起重工器具。

6.5.1.2 起重吊钩应挂在物件的重心线上。起吊大件或不规则组件时，应在吊件上拴以牢固的控制绳。

6.5.1.3 起吊前应检查起重设备及其安全装置，重物吊离地面约 100mm 时应暂停起吊，并进行全面检查，确认无误后方可继续起吊。

6.5.1.4 桥式起重机作业前，应检查机械结构外观是否正常、各连接件有无松动、绳卡设置是否规范、各安全限位装置是否齐全完好，以及钢丝绳外表等情况，并做好记录。

6.5.1.5 起重工作区域内无关人员不得停留或通过。起吊过程中起重臂及吊物的下方，任何人员不得通过或停留。

6.5.1.6 流动式起重机工作前应支撑可靠并满足起重承载要求。

6.5.1.7 两人以上进行吊装作业时，应指定专人进行指挥，指挥人员应严格按照 GB 5082 的标准与起重机司机联络，做到准确无误。

6.5.1.8 指挥人员应熟知 GB 6067 和 LD 48 的要求。

6.5.1.9 作业时不得斜拉歪吊。落钩时，若吊物未固定稳妥，禁止松钩。

6.5.1.10 起吊过程中，吊物上不得站人。不得利用吊钩升降人员。

6.5.1.11 起重机吊运重物时严禁从人员或设备设施上方通过。

6.5.1.12 吊起的重物不得在空中长时间停留。在空中短时间停留时，操作人员和指挥人员均不得离开工作岗位。

6.5.1.13 吊运大型物件前，应制定安全吊装方案，经单位负责人批准后实施。

6.5.1.14 多台起重机械同时作业，应制定联合作业方案，按比例估算每台起重机的载荷，并确保起升钢丝绳保持垂直状态。多台起重机所受的合力不得超过各台起重机单独起升操作时的额定载荷。如达不到上述要求，应降低额定起重能力至 80%。吊运时，起重指挥人员应站在能同时看到起重机司机和负载的安全位置。

6.5.1.15 在地面用遥控器操作桥式起重机吊运时，应配置专人对吊物进行挂钩、取钩、稳钩、安全放置吊物等，并严格按照指令操作。操作完毕后，应将遥控器妥善保管或交专人管理。

6.5.1.16　有主、副钩两套起升机构的起重机，主、副钩不得同时开动。

6.5.1.17　起重机在工作中如遇机械发生故障或有异常现象时，应放下吊物、停止运转后进行排除，不得在运转中进行调整或检修。若起重机发生故障无法放下吊物时，应采取适当的安全措施，除排险人员外，禁止其他任何人进入危险区域。

6.5.1.18　不明重量、埋在地下或冻结在地面上的物件，不得起吊。

6.5.1.19　在轨道上露天作业的起重机，当工作结束时，应将起重机锚定住；当风力大于 6 级时，应停止工作，并将起重机锚定住。对于门座起重机等在沿海工作的起重机，当风力大于 6 级时，应采取有效的措施方可工作；当风力大于 7 级时，应停止工作，并将起重机锚定住。

6.5.2　流动式起重机

6.5.2.1　起重机停放或行驶时，其车轮、支腿或履带的前端或外侧与沟、坑边缘的距离不得小于沟、坑深度的 1.2 倍，否则应采取防倾、防坍塌措施。

6.5.2.2　起重机行驶时，应将臂杆放在支架上，吊钩挂在保险杠的挂钩上，并将钢丝绳拉紧。

6.5.2.3　工作时，起重机应先放下支腿，并置于平坦、坚实的地面上。不得在暗沟、地下管线等上面作业，确不能避免时，应采取安全防护措施，不准超过暗沟、地下管线允许的承载力。

6.5.2.4　起吊工作完毕后，应先将臂杆放在支架上，然后再起腿。

6.5.3　塔式起重机

6.5.3.1　非操作、检修人员不得攀爬起重机；操作或检修人员上下时，不得手拿工具或器材。

6.5.3.2　起重机作业完毕后，小车变幅的起重机应将起重小车置于起重臂根部，摘除吊钩上的吊索。

6.5.4　桥式起重机

6.5.4.1　作业前应进行空载运转，确认各机构运转正常、制动可靠、各限位开关灵敏有效后，方可作业。

6.5.4.2　开动前，应先发出警示信号示意，重物提升和下降操作应平稳匀速。提升大件时，不得用急速，应使用牢固的控制绳防止摆动。

6.5.4.3　空车行走时，吊钩应收紧并离地面 2m 以上。

6.5.4.4　吊起重物后应慢速行驶，行驶中不得突然变速或倒退。

6.5.4.5　任何人不得在桥式起重机的轨道上行走或站立。特殊情况需在轨道上进行作业时，应与桥式起重机的操作人员取得联系，桥式起重机应停止运行。

6.5.4.6　厂房内的桥式起重机作业完毕后，应停放在指定地点。

6.5.5　电动葫芦

6.5.5.1　起吊物件应捆扎牢固。电动葫芦吊重物行走时，重物下端离地不宜超过 0.5m。工作间歇期间不得将重物悬挂在空中。

6.5.5.2　作业完毕后，应将电动葫芦停放在指定位置，吊钩升起，并切断电源，锁好开关箱。

6.5.6　起重工器具

6.5.6.1　钢丝绳：

a）钢丝绳应按出厂技术数据使用，并满足使用场所安全系数要求；

b）应根据物体的重量及起吊钢丝绳与吊钩垂直线间的夹角大小来选用起吊钢丝绳；

c）钢丝绳不得与物体的棱角直接接触，应在棱角处垫以半圆管、木板或其他柔软物；

d）起升机构和非平衡变幅机构不得使用接长的钢丝绳；

e）钢丝绳在机械运动中，不得与其他物体发生滑动摩擦；

f）钢丝绳不得与任何带电体、炽热物体或火焰接触；

g）钢丝绳不得直接相互套挂连接；

h）钢丝绳的端部固定应选用与其直径相应的锥形套、编结套、楔形套、绳卡、压制接头、压板等方法进行固定；

i）钢丝绳绳头采用编结连接时，编结长度应大于钢丝绳直径的 15 倍，最小不得小于 300mm。连接强度不得小于钢丝绳破断拉力的75%。通过滑轮钢丝绳不应采用编结连接。

6.5.6.2 卸扣：

a） 禁止使用铸造卸扣，卸扣表面应光滑平整，不得存在裂缝、过烧等严重缺陷，严禁对裂缝等缺陷进行焊接修补；

b） 卸扣的销子不得扣在活动性较大的索具内；

c） 卸扣不得横向受力，不得使卸扣处于吊件的转角处；

d） 卸扣的扣体或者轴销发生永久性变形或者损坏达到报废标准时应立即更换。

6.5.6.3 合成纤维吊装带：

a） 选择吊装带时，应根据JB/T 8521.1、JB/T 8521.2中所列的方式系数和提升物品的性质选择所需的极限工作载荷；使用中应避免与尖锐棱角接触，如无法避免应装设合适的护套；

b） 吊装带使用期间，应经常检查是否存在表面擦伤、割口、承载芯裸露、化学侵蚀、热损伤或摩擦损伤、端配件损伤或变形等缺陷。如果有任何影响使用的状况，应立即停止使用。

6.5.6.4 麻绳（剑麻白棕绳）、纤维绳：

a） 麻绳、纤维绳用作吊绳时，其允许应力不得大于0.98kN/cm^2；用作绑扎绳时，允许应力应降低50%；

b） 麻绳、纤维绳出现霉烂、腐蚀、损伤等现象时，或出现松股、散股、严重磨损、断股者，均应予以报废；

c） 纤维绳在潮湿状态下的允许荷重应降低50%；

d） 切断绳索时，应先将预定切断的两边用软钢丝扎紧；连接绳索时，应采用编结法，不得采用打结法。

6.5.6.5 吊钩：

a） 吊钩表面应光滑，不得存在裂纹、锐角、毛刺、剥裂、过烧等影响安全使用性能的缺陷；吊钩缺陷不得焊补；不得在吊钩上钻孔或焊接；

b） 自制吊钩的技术条件应符合GB/T 10051.1、GB/T 10051.2的规定；

c） 板钩钩片的纵轴应位于钢板的轧制方向，且钩片不得拼接；

d） 板钩钩片应用沉头铆钉连接，但板钩与起吊物吊点接触的高应力弯曲部位不得用铆钉连接；

e） 板钩叠片间不得全封闭焊接，只允许有间断焊接。

6.5.6.6 滑轮：

a） 使用前，应检查滑轮的轮槽、轮轴、夹板、吊钩等部分有无裂缝或损伤，滑轮转动是否灵活，润滑是否良好，同时滑轮槽宽应比钢丝绳直径大1mm～2.5mm；

b） 使用时，应按其标定的允许荷载度使用，严禁超载使用；

c） 滑轮的吊钩或吊环应与被吊物的重心在同一垂直线上，使被吊物能平稳起升；

d） 在受力方向变化较大的场合和高处作业中，应采用吊环式滑车；如采用吊钩式滑车，应对吊钩采取封口保险措施；

e） 根据起吊吨位的大小，滑轮组的定、动滑轮之间应保持0.7m～1.2m的最小距离。滑车起重量与滑轮中心距对照见表2。

表2 滑车起重量与滑轮中心距对照表

滑车起重量 t	1	5	10～20	32～50
滑轮中心最小允许距离 mm	700	900	1000	1200

6.6 运输作业

6.6.1 装卸与人工搬运

6.6.1.1 搬运的过道应平坦畅通，夜间搬运应有足够的照明。

6.6.1.2 用人工搬运或装卸重大物件而需要搭跳板时，应使用厚度大于 50mm 的木板，跳板中部应设有支持物，防止木板过度弯曲。从斜跳板上卸物件时，应用绳子将物件从后面拴住，工作人员应站在卸放重物的两侧，不准站在卸放重物的正下方。

6.6.1.3 不准肩扛重物登上移动式梯子或软梯。

6.6.1.4 用管子滚动搬运时应遵守下列规定：

a） 应由专人负责指挥；

b） 管子应能承受重压，直径相同；

c） 管子承受重物后两端各应露出约 300mm，便于调节转向；

d） 重物滚动搬运时，应将管子放置在重物移动的前方，并留有裕度；搬运中需要添加滚杠时，应停止移动；在搬运中需要调正方向时，应停止移动，使用锤击，禁止用手去拿受压的管子；

e） 重物上、下坡时，应用木楔垫牢管子，防止管子滚下；下坡时，应使用控制绳控制重物的速度与重心，防止下滑过快。

6.6.2 叉车运输

6.6.2.1 叉车使用前，应对行驶、升降、前倾等机构进行检查。

6.6.2.2 叉车只可由司机一人驾驶，其他人不得搭乘。

6.6.2.3 叉车不得快速起动、急转弯或突然制动。在转弯、拐角、斜坡及弯曲道路上应低速行驶。倒车时，不得用紧急制动。

6.6.2.4 禁止单叉作业或用货叉顶物、拉物。

6.6.2.5 禁止使用叉车运送危险化学品。

6.6.2.6 运输作业时，若载荷有碍视线，载荷应位于车辆运行方向的后方。若车辆运行时要求载荷位于车辆运行方向的前方（如堆垛或爬坡），应由指定人员引导。

6.6.2.7 叉车工作结束后，应将货叉放至最低位置，关闭所有控制器，切断动力源，扳下制动闸，并取出钥匙后方可离开。

6.6.3 专用机动车辆运输

6.6.3.1 使用两台牵引机械卸车时，应有专人现场指挥协调，采取使设备受力均匀、拉牵速度一致的可靠措施。牵引的着力点应在设备的重心以下。

6.6.3.2 运输大型物件（超重、超高、超宽、超长）应制订安全运输方案，视作业安全风险程度，经单位安全部门或分管领导批准后实施。

6.6.3.3 使用前应检查制动器、喇叭、方向机构等是否完好。

6.6.3.4 装运物件应垫稳、捆牢，不得超载。

6.6.3.5 启动前应先鸣笛，行驶时不得上下人。

6.6.3.6 临时停车应停在不妨碍交通的地方，不应逆向停车，坡路上停车应采取防溜车措施。

6.6.3.7 驾驶员离开时，应关闭电源或发动机，拉紧停车制动器，取走钥匙。车辆停放时不得阻碍消防通道、楼梯及消防设备。

6.7 焊接与切割作业

6.7.1 一般规定

6.7.1.1 焊工作业时，工作服上衣不得扎在裤子里。口袋应有遮盖，脚面应有鞋罩。

6.7.1.2 不得在带有压力（液体压力或气体压力）的设备上或带电的设备上进行焊接。

6.7.1.3 禁止在装有易燃物品的容器或油漆未干的物体上进行焊接。

6.7.1.4 禁止在储有易燃易爆物品的房间内进行焊接。在易燃易爆材料附近进行焊接时，其最小水平距离不得小于 5m，并根据现场情况，采取用围屏或阻燃材料遮盖等安全措施。

6.7.1.5 对于存有残余油脂、可燃液体或易燃易爆物品的容器，焊接前应对容器内部进行清理，先用水蒸气吹洗，或用热碱水冲洗干净，并将其盖口打开，方可焊接。

6.7.1.6 风力超过 5 级时，禁止露天进行焊接或气割。风力在 5 级以下、3 级以上进行露天焊接或气割时，应搭设挡风屏，并配备必要的消防器材。

6.7.1.7 焊接作业时，应设有防止金属熔渣飞溅、掉落引起火灾的措施，以及防止烫伤、触电、爆炸等措施。焊接人员离开现场前，应检查并确认现场无火种留下。

6.7.1.8 高空焊接作业时，应设置接焊渣的装置，清理作业点下方所有易燃物品，作业现场应有专人进行监护。

6.7.1.9 在金属容器内进行焊接作业时，应有下列防止触电的措施：

a） 作业人员应避免与金属件接触，应站立在橡胶绝缘垫上，并穿干燥的工作服；
b） 容器外面应设有可看见和听见作业人员的监护人，并设置切断电源的应急开关；
c） 在密闭容器内，不得同时进行电焊及气焊工作，并按有限空间作业安全要求执行。

6.7.1.10 氧气瓶、乙炔（丙烷）气瓶在使用中应注意：

a） 应与火源保持 10m 以上的安全距离，并避免暴晒、热辐射及电击；
b） 应装有专用的气体减压器、回火防止器，使用减压器时，应缓慢旋紧减压器螺杆，以免开启过快产生静电火花；
c） 应有防冻措施，当气瓶瓶口或减压器冻结时应用温水解冻，严禁用火烤；
d） 不得用有油污的手套开启氧气瓶；
e） 瓶中的气体均不得用尽，瓶内残余压力不得小于 0.05MPa。

6.7.2 电焊

6.7.2.1 电焊机的外壳以及工作台，应有良好的接地，接地电阻不得大于 4Ω。

6.7.2.2 电焊工所坐的椅子，应用木材或其他绝缘材料制成。

6.7.2.3 工作前，应先检查电焊设备，如电动机外壳的接地线是否良好，电焊机的引出线是否有绝缘损伤、短路或接触不良等现象。

6.7.2.4 禁止在吊起的物体上施焊。

6.7.2.5 不得将带电的电线、电缆搭在身上或踏在脚下。

6.7.2.6 离开工作场所时，应对现场进行清扫，确认无起火危险等隐患，并切断电源后方可离开。

6.7.3 气焊（气割）

6.7.3.1 作业前，应检查氧气、乙炔（丙烷）瓶的阀、表齐全有效，紧固牢靠，不得有松动、破损、漏气等现象。氧气瓶及其附件、胶管和开闭阀门的工具不得有油污。

6.7.3.2 氧气瓶应有防震胶圈和安全帽，应与其他易燃气瓶、油脂和其他易燃物品分开保存。

6.7.3.3 乙炔（丙烷）胶管和氧气胶管不得混用。氧气胶管的外观应为蓝色，乙炔（丙烷）胶管的外观应为红色。变质、脆裂、泄漏或沾有油脂的胶管不得使用。

6.7.3.4 使用气焊、气割动火作业时，氧气瓶与乙炔（丙烷）气瓶间距不应小于 5m，二者与动火作业地点间距不应小于 10m。

6.7.3.5 氧气瓶使用时可立放也可平放，乙炔（丙烷）瓶应立放使用。立放的气瓶应有防倾倒固定措施。

6.7.3.6 不得将胶管放在高温管道和电线上，不得将重物或高温物件压在胶管上，不得将胶管与电线敷设在一起，胶管经过交通通道时，应采取防止碾压措施。胶管存放温度为–15℃～40℃，离热源应不小于 1m。

6.7.3.7 氧气软管着火时，不得折弯软管断气，应迅速关闭氧气阀门，停止供氧；乙炔（丙烷）软管着火时，应先关熄炬火，再采取折弯靠近气瓶瓶口一侧软管的办法来将火熄灭。

6.7.3.8 工作完毕后应关闭氧气瓶、乙炔（丙烷）瓶，拆下氧气表、乙炔（丙烷）表，拧上气瓶安全帽。

6.7.3.9 作业结束后，应将胶管盘起、捆扎牢固，挂在室内干燥的地方，减压器和气压表应放在工具箱内，应认真检查作业场所及周边，确认无起火危险等安全隐患后，方可离开。

6.7.4 氩弧焊

6.7.4.1 作业前，应检查并确认气管、水管不受外压和无泄漏，焊枪是否正常，高频引弧系统、焊接系统是否正常；对自动送丝钨极氩弧焊机，还要检查调整机构、送丝机构是否完好。

6.7.4.2 安装氩气减压器、管接头不得沾有油脂。安装后，应进行试验并确认无障碍和漏气现象。

6.7.4.3 循环水冷却式焊机使用的冷却水应保持清洁，水压、流量正常，不得断水施焊。

6.7.4.4 作业人员身体裸露部位不得暴露在电弧光的照射下。

6.7.4.5 更换钨极时，应切断电源。磨削钨极端头时，应佩戴手套和口罩。钍、钍、钨极应放在铅制盒内，不得随身携带。

6.7.4.6 氩气瓶应与焊接地点保持 3m 以上安全距离，并应直立固定放置，采取防倾倒措施。

6.7.4.7 作业结束后，应切断电源，关闭气源，将焊接设备放置在指定位置。

6.7.5 CO_2 气体保护焊

6.7.5.1 安装气体调节器前应开送 1～2 次气，吹干净 CO_2 喷嘴。

6.7.5.2 应使用 CO_2 气体或混合气体专用流量计，且应垂直安装。

6.7.5.3 焊接作业时，焊枪电缆应保持顺直状态，不得弯曲使用。

6.7.5.4 导电嘴应用扳手拧紧，防止松动。导电嘴磨损时应及时更换。

6.7.5.5 作业时，应安装完好的气筛。喷嘴内附着飞溅物时应及时清除，禁止敲打喷嘴。

6.7.5.6 严禁牵拉焊枪电缆移动送丝机。

6.7.5.7 作业结束，应关闭电源和气源，收回电缆线。

6.8 动火作业

6.8.1 动火作业前，应清除动火现场及周围的易燃物品，或采取其他有效的安全防火措施，配备足够适用的消防器材。

6.8.2 盛有或盛过危险化学品的容器、设备、管道等生产、储存装置，应在动火作业前进行清洗置换，经分析合格后，方可动火作业。

6.8.3 高空动火作业时，应清理下方可燃物或采取防滴落和阻燃措施；其下方如有孔洞、窨井、沟道、水封等，应检查分析影响范围和后果，并采取相应的安全措施。

6.8.4 地面动火作业时，动火点周围有可燃物，或附近有窨井、沟道、水封等，应进行检查、分析，并根据现场的具体情况采取相应的安全防火措施。

6.8.5 拆除管线的动火作业，应先查明其内部介质及其走向，并制订相应的安全防火措施。

6.8.6 室内动火作业时，现场的通排风应保持良好。

6.8.7 动火作业完毕，应清理现场，确认无残留火种后，方可离开。

6.9 热处理作业

6.9.1 一般规定

6.9.1.1 操作前应认真检查设备的电气、测量仪表、机械保护装置是否准确、灵敏，传动部件运转是否灵活。禁止设备带故障工作。

6.9.1.2 设备危险区（如电炉的电源引线、汇流条、导电杆和传动机构等附近）应用铁丝网、栅、栏、板等加以防护。

6.9.1.3 重油炉的喷嘴及煤气炉的喷嘴附近，应当安置灭火砂箱。

6.9.1.4 校直时，应正确选择校直设备及力度。

6.9.1.5 热校直时，应采取防烫措施。加压前，应放稳工件，其两端不得站人。

6.9.2 整体热处理

6.9.2.1 人工操作进出料的简易箱式电炉、井式电炉，在装炉、出炉过程中应切断加热电源。带有风扇的设备，当风扇出现故障时应立即停止使用。

6.9.2.2 对连续式作业加热炉，工件装炉时应放置平稳，不得超高、超宽。

6.9.2.3 可控气氛、保护气氛加热炉在通入可燃生产物料前，应使用中性气体充分置换掉炉内空气，或在高温条件下以燃烧法燃尽炉内的空气。

6.9.2.4　箱式电炉、井式电炉的炉温低于 760℃时，不得向炉内通入可控气氛或保护气氛。

6.9.2.5　温度在 760℃以下的回火炉不宜使用可燃物（H_2，CO，C_mH_n）大于 4%的气体作为保护气氛。必须使用时，应确保炉子密封良好，在通入气体前和停炉时应用不可燃气体置换炉内气体。

6.9.2.6　往炉内通入可燃生产原料时，各炉门口或排气管上的引火嘴应正常燃烧。

6.9.2.7　不得随意打开炉室安全门或其他安全保护装置。若必须打开，应停止向炉内通入可燃生产原料，并确认炉内可燃气氛已燃尽或已充分置换完成后，方可操作。

6.9.2.8　在下列情况下，应向炉内通入中性气体或惰性气体（即置换气体）：

a）工艺要求在炉温低于 750℃时向炉内送入可燃原料前；

b）炉子启动时或停炉前；

c）气源或动力源失效时；

d）炉子进行任何修理之前，中断气体供应线路时。

6.9.2.9　停炉期间，为防止可燃气向炉内缓慢地渗漏，应在每一管路上设置两处以上关闭阀或开关。

6.9.2.10　淬火吊车应有备用电源。

6.9.3　表面热处理

6.9.3.1　感应设备周围应保持场地干燥，铺设耐 25kV 高压的绝缘橡胶，并设置防护遮栏。

6.9.3.2　感应设备冷却用水的温度不得低于车间内空气露点的温度。

6.9.3.3　感应设备加热用的感应器不得在空载时送电。

6.9.3.4　严格按设备的启动顺序启动感应设备。当设备运转正常后方可进行淬火操作。

6.9.3.5　工件在淬火过程中如出现异常状况，应立即按急停按钮，切断高、中频电源。

6.9.3.6　火焰淬火的每一淬火工位（喷火嘴）的乙炔（丙烷）管路中都应设岗位回火防止器，并应定期检查、清理、维护。

6.9.3.7　激光热处理时，工件表面应预先施加吸光涂层，禁止使用燃烧时产生油烟及反喷物的涂料。

6.9.4　化学热处理

6.9.4.1　使用无前室炉渗碳，在开启炉门时应停止供给渗剂。使用有前室炉渗碳，在作业过程中严禁同时打开前室和加热室炉门；停炉时应先在高温阶段停气，然后打开双炉门，使炉内可燃气体烧尽。在以上两种情况下开启炉门的瞬间，操作人员均不得站在炉门前，以免被喷出的火焰烧伤。

6.9.4.2　气体渗碳、气体碳氮共渗和氮碳共渗时，炉内排出的废气应燃烧处理。

6.9.4.3　渗氮炉应先断原料气源，用中性气体充分置换炉内可燃气体，并在无明火条件下打开炉罩。

6.9.4.4　固体渗碳、固体渗硼及粉末渗金属的场地应设抽风排气系统，确保粉尘含量达标。

6.9.5　盐浴热处理

6.9.5.1　盐浴炉启动时，应防止已熔部分的盐液发生爆炸、飞溅。

6.9.5.2　添加的新盐、工件及使用的工具、夹具等应预先干燥，严禁封闭空心工件放入盐浴中加热。

6.9.5.3　用于轻金属热处理的亚硝酸盐和硝酸盐盐浴炉，在空炉时，其盐浴温度应不超过 550℃。含镁铝合金热处理时，其盐浴的最高允许温度应符合表 3 的规定。

表 3　处理含镁铝合金时盐浴的最高允许温度

镁含量 %	盐浴的最高允许温度 ℃
＜0.5	550
＞0.5～2.0	540
＞2.0～4.0	490
＞4.0～5.5	435
＞5.5～10.0	380

6.9.6 真空热处理

6.9.6.1 通电前应测量电热元件对地（炉壳）的绝缘电阻，在炉体通水情况下，应不低于 1kΩ 时方可送电。

6.9.6.2 对多室真空炉，为避免热闸阀反向受力，加热室压力应低于预备室压力。

6.9.6.3 在向炉内通入氮或氮氢混合气体时，炉内应达到规定的泄漏率。

6.9.6.4 使用高真空油扩散泵时，扩散泵真空度达到 10Pa 时方可通电加热扩散泵油，而停泵时扩散泵油应完全冷却后方可停止排气。

6.9.6.5 炉温高于 100℃时不得向炉内充入空气或打开炉门。

6.9.6.6 停炉前，炉内温度应低于 350℃时方可停电断水。

6.9.6.7 真空油淬炉冷却室内油气排空前，严禁充入空气或打开炉门。

6.10 组装与解体作业

6.10.1 组装

6.10.1.1 零部件应放置在专用工装上，并分区定置摆放，不得占用通道，严禁连片、交叉放置。

6.10.1.2 作业前，应对组装使用的设备设施和工具进行检查，确保符合安全要求。

6.10.1.3 各部件对接时，禁止身体任何部位进入或紧靠对接面。

6.10.1.4 调试机构时，应切断电源，并将压力完全释放后进行。

6.10.1.5 调试区域应设置防护板进行隔离，并悬挂警示牌。

6.10.2 解体

6.10.2.1 采用液压机构、弹簧机构储能的产品在解体前，作业人员应将转换开关旋转到泄压位置，待储能机构能量完全释放后，方可解体。

6.10.2.2 产品解体前，作业人员应对气室压力状态进行确认，若产品内有 SF_6 气体，应使用 SF_6 气体回收净化装置进行回收，待气室内压力处于大气压状态下方可进行解体作业。

6.10.2.3 气路连通的三相气室解体时，应先将相间气路连通管取下，再逐相对气室进行验气，逐相解体。严禁同时解体。

6.10.2.4 拆卸密封盖板时，要对角松动紧固螺栓（保留 2～3 扣），再逐个取下。禁止一次拆卸紧固螺栓。

6.11 清洗与烘干作业

6.11.1 清水清洗

6.11.1.1 作业人员应穿水靴、胶质防护裙，戴护目眼镜。

6.11.1.2 作业前应检查确认清洗机高压水管和线缆无破损现象，插座剩余电流动作保护器工作正常。

6.11.1.3 零部件应放置平稳，圆形工件应有防止零部件滚动装置。

6.11.1.4 工作前，手应握紧水枪，使水枪喷嘴朝向地面。禁止水枪喷嘴对人。

6.11.1.5 清洗零部件时，水枪喷嘴应与工件表面保持适当距离，防止高压水流反射伤人。禁止用手拿持工件清洗。

6.11.2 有机溶剂（汽油、煤油等）清洗

6.11.2.1 清洗作业应在规定的专用区域内进行。

6.11.2.2 进入专用清洗区域的人员，应先消除静电。

6.11.2.3 作业人员应穿着防静电服装，不得携带易产生火花的物品进入专用清洗区域。

6.11.2.4 作业前，应先打开通风装置，且在作业结束前不得中断通风。

6.11.2.5 盛装零件的容器应使用不产生火花或静电的材料制成，并与地面保持充分接触。禁止使用塑料制品盛装清洗后的零件。

6.11.2.6 清洗后的零部件应放置在专用清洗区域内静置，待表面溶剂挥发后，方可带出。

6.11.3 烘干

6.11.3.1 有机溶剂清洗过的零部件，在有机溶剂未完全挥发时，禁止使用烘干房（箱）烘干。

6.11.3.2 烘干房内摆放的待烘干零部件，应与加热装置保持 300mm～500mm 的安全距离。

6.11.3.3 取出零部件前，应先切断烘干房（箱）电源（或汽源），打开房（箱）门通风，待工件冷却后，方可取出。

7 工器具与小型机具作业

7.1 基本要求

7.1.1 作业时，应采用正确的姿势，并确保防护罩能够保护操作者。

7.1.2 禁止把工器具放在运行的设备上。

7.1.3 工器具尖锐的牙口、刃口及其转动部分，应有可靠的防护装置。

7.1.4 电动、气动和液压工器具运转时不得进行调速，未切断动力源不得进行维护、修理。

7.1.5 对不同硬度的材料应使用相应的切割片和打磨片，不得使用通用型切割片和打磨片。

7.1.6 作业时，应根据现场作业条件，使用具有相应防护等级的手持电动工具，落实相应的防触电措施。

7.2 通用工具作业

7.2.1 钳工台

7.2.1.1 钳工台宜紧靠墙壁，作业人员对面不得有人。

7.2.1.2 钳工台上使用的照明电压不得超过 36V。

7.2.2 虎钳

7.2.2.1 虎钳上不得放置工具及其他无关物品。

7.2.2.2 使用转座虎钳工作时，应把固定螺栓锁紧。

7.2.2.3 钳口应保持完好，磨平时应及时更换，以防工件滑脱。

7.2.2.4 用虎钳夹持工件时，不得超过钳口最大行程的 2/3。

7.2.2.5 工件超出钳口部分太长时，应加支承；装卸工件时，应防止工件坠落伤人。

7.2.3 手锤

7.2.3.1 手锤柄上、锤头上有油污时，应擦干净后方能进行操作。

7.2.3.2 两人击锤，站立的位置要错开方向。扶钳、打锤要稳，落锤要准，动作要协调。

7.2.3.3 抡大锤时，不得戴手套，对面和后面不得站人，并应注意周围人员的安全，大锤手柄长度不宜过长。

7.2.4 扁铲（錾子、凿子）、铳子

7.2.4.1 使用时，柄上顶端不得沾油。铲工件方向不得站人。

7.2.4.2 不得铲、铳淬火材料。

7.2.5 锉刀、刮刀

7.2.5.1 锉刀、刮刀的木柄应装有金属箍，禁止使用没有手柄或手柄松动的锉刀和刮刀。

7.2.5.2 作业时，应做到推锉平、回拖轻、压力与速度适当。

7.2.5.3 使用三角刮刀时，应握住木柄进行工作。

7.2.5.4 使用刮刀时，刮削方向禁止站人。

7.2.6 扳手

7.2.6.1 工作中，扳手与螺帽、螺栓应紧密配合，防止使用时打滑。

7.2.6.2 使用活扳手时，应把死面作为着力面，活面作为辅助面。

7.2.7 螺丝刀

7.2.7.1 使用螺丝刀时，应采取正确姿势，均匀用力。

7.2.7.2 螺丝刀用力时，其用力的方向不得对着自己或他人。

7.2.8 手锯

7.2.8.1 工件应夹紧，避免锯条折断伤人。

7.2.8.2 锯割时，锯应靠近钳口，方向应正确，锯弓应垂直于工件，压力和速度应适宜。

7.2.8.3 工件将要被锯断时，应轻轻用力，同时将工件抬扶一下或向下轻压，避免压断锯条或者工件落下伤人。

7.2.9 千斤顶

7.2.9.1 使用时，底面应加平垫垫实，受力点应选择适当，柱端不得加垫，应稳起稳落。

7.2.9.2 不得将千斤顶作为受力支撑，应在千斤顶顶起工件后，另加垫块将工件垫实。

7.2.10 手持砂轮机

7.2.10.1 使用前，应先空转 2min，确认安全可靠后方可进行作业。

7.2.10.2 工作中，应站在侧面，不得正对砂轮。砂轮机要拿稳，并要缓慢接触工件，不得撞击和猛压。

7.2.10.3 砂轮应使用正面，禁止使用砂轮侧面。

7.2.10.4 正在转动的砂轮机不得随意放置，应待砂轮停稳后，放在指定的位置。暂时不用时，应切断电源。

7.2.11 手持磨光机

7.2.11.1 使用时，磨屑应向下，并做好防止伤害其他人员的措施。

7.2.11.2 工作中发现磨头片松动，应立即停机，紧固后方可重新作业。

7.2.11.3 磨头片半径小于原半径 1/3 时应更换。

7.2.12 手电钻

7.2.12.1 使用前，应确认钻头装卡牢靠。

7.2.12.2 发生故障时，不得自行拆卸或装配。

7.2.12.3 在潮湿地点作业时，应站在绝缘垫或干燥的木板上。

7.2.12.4 手电钻未完全停止转动，不得卸、换钻头。

7.2.13 风动砂轮

7.2.13.1 打磨工件时，应由轻而重拿稳拿牢，并均匀使力。

7.2.13.2 打磨工件时，砂轮转动方向两侧不得站人。

7.2.13.3 禁止随便开动砂轮或用他物冲击敲打砂轮。

7.2.14 气动、电动扳手

7.2.14.1 使用前，应根据螺栓大小和螺栓强度选择扭矩。

7.2.14.2 在开启和操作过程中，应注意扭矩和力量的突然变化。

7.2.14.3 使用中，作业人员身体应保持平衡、稳定，操作幅度不得过大。

7.3 液压工器具作业

7.3.1 液压钳

7.3.1.1 液压钳应单人操作。

7.3.1.2 操作者侧面严禁站人，避免液压钳甩动或尾绳伤人。

7.3.1.3 使用中若发现运转异常状况，应立即停止操作，修复或恢复正常后方可使用。

7.3.2 液压站

7.3.2.1 设定的压力值，不得超过承载负荷。

7.3.2.2 液压缸与液压站之间的管路应连接完好并拧紧，不得有松动现象。

7.3.2.3 液压站内油位不得低于 1/2，不得超过 2/3。

7.3.2.4 线圈及线圈组压紧时，液压缸上部应使用螺帽进行紧固。

8 加工机械作业

8.1 基本要求

8.1.1 作业人员不得戴手套操作旋转机床，过颈长发应戴工作帽，且长发应放入帽子内。

8.1.2 使用前，应检查防护装置是否完好和闭合，保险、联锁、信号装置是否灵敏、可靠。

8.1.3 暴露在外的传动部件，应安装防护罩。禁止在无防护罩的情形下开车或试车。

8.1.4 开车前，应检查设备及模具的主要紧固螺栓有无松动，模具有无裂纹，操纵机构、急停机构或自动停止装置、离合器、制动器是否正常。

8.1.5 工件、夹具、工具、刀具应装卡牢固。

8.1.6 开机前，应观察周围动态，如有妨碍运转、传动的物件应先清除，作业点附近不得有无关人员站立。

8.1.7 机床停止前，严禁接触运动的工件、刀具和机件。

8.1.8 严禁隔着机床的运转、传动部分传递或拿取工具等物品。

8.1.9 调整机床行程和限位、装夹拆卸工件和刀具、装卸工装夹具、测量工件、擦拭机床时应停车进行。

8.2 金属切削机械作业

8.2.1 一般规定

8.2.1.1 机床导轨面上、工作台上禁止放工具或其他物品。

8.2.1.2 不得用手直接清除切屑，应使用专门工具清扫。

8.2.1.3 两人或两人以上操作同一台大型机床，应统一指挥。

8.2.1.4 机床开动后，作业人员应站在安全位置，避开机床转动部位和切屑飞溅方向。

8.2.1.5 工作中经常检查工装、夹具、刀具及工件，查看有无松动现象。

8.2.1.6 不得在机床运行时离开工作岗位，发现异常状况应立即停车检查。

8.2.1.7 高速切削时，应装设防护挡板。

8.2.2 普通车床

8.2.2.1 装卸卡盘及大的工装、夹具时，床面应垫木板，不得开车装卸卡盘。装卸工件后应立即取下扳手。

8.2.2.2 床头箱、小刀架、床面不得放置工具、量具或零件。

8.2.2.3 加工长度超过机床尾部100mm时的棒料、圆管时，应设置防护罩（栏）。当超过部分的长度大于或等于300mm时，应设置有效的支撑架等防弯装置，并应加防护栏或挡板，且有明显的警示标志。

8.2.2.4 禁止用砂布裹在工件上打磨、抛光。

8.2.2.5 切断工件时，应使用专用工具接住，不得用手接。切断大料时，不得直接切断，应留有足够的余量，卸下后掰断或敲断。

8.2.3 立式车床

8.2.3.1 装卸大型工件、卡具时，作业人员应与吊车司机密切配合。

8.2.3.2 作业所用的千斤顶、斜面垫板、垫块等应固定好，并经常检查有无松动现象。

8.2.3.3 校正工件时，人体与旋转体应保持一定的安全距离。严禁站在旋转工作台上调整机床和操作按钮。

8.2.3.4 工件外形不得超出卡盘加工直径，并设置有效、牢固的挡屑板。

8.2.3.5 发现工件松动、机床运转异常时，应立即停车调整。

8.2.4 镗床

8.2.4.1 机床开动前，应检查支撑压板，支撑压板的垫铁不宜过高或数量过多。

8.2.4.2 镗孔、扩孔时，不得将头贴近加工孔观察吃刀情况，不得隔着转动的主轴（镗杆）取物品。

8.2.4.3 镗杆缩回后方可启动工作台自动回转，工作台上严禁站人。

8.2.5 钻床

8.2.5.1 钻削工件时，应使用工具夹持，严禁用手拿持工件进行加工。

8.2.5.2 不得在旋转的刀具下方翻转、卡压或测量工件。

8.2.5.3 钻床横臂回转范围内不得有其他人员停留。

8.2.6 磨床

8.2.6.1 砂轮装好后，应经过2min～5min的试运转。

8.2.6.2 砂轮正面不得站人，操作者应站在砂轮的侧面。

8.2.6.3 干磨工件不得中途加冷却液。

8.2.6.4 平面磨床磨削前，磁盘上的工件应垫放平稳。通电后，待加工工件应被吸牢后方可进行磨削。一次磨多个工件时，工件应靠紧垫好，并置于磨削范围之内。

8.2.6.5 磨削用的夹具、顶尖应良好有效。固定夹具、顶尖的螺钉应紧固牢靠。

8.2.6.6 严禁用无端磨机构的外圆磨床作端面磨削。

8.2.7 铣床

8.2.7.1 拆装立铣刀时，台面应垫木板，禁止用手托刀盘。

8.2.7.2 对刀时，应慢速进刀；铣刀接近工件时，应采用手摇方式进刀。

8.2.8 刨床

8.2.8.1 使用牛头刨时，刀具不得伸出过长，刨刀应装卡牢固。刨削过程中，作业人员不得在刨头前进行检查，溜板前后不得站人。

8.2.8.2 使用龙门刨时，作业人员不得将头、手伸入龙门及刨刀前面。刨削过程中，工作台面上和溜板前后均不得站人。多人操作时应由一人指挥。

8.2.9 数控机床、加工中心

8.2.9.1 确认卡盘夹紧并关好机床防护门方可开动机床。

8.2.9.2 机床应有安全联锁装置，且灵敏可靠。加工过程中，不得打开机床防护门。机床因报警而停机时，应将主轴移出加工位置，确定排除故障后，方可恢复加工。

8.2.9.3 停机时，应依次关掉机床操作面板上的电源和总电源。

8.3 冲、剪、压、锻作业

8.3.1 冲床（含塔式冲床）

8.3.1.1 工作前，应空转 2min～3min，检查脚闸（脚踏开关）等控制装置的灵活性，确认正常后方可使用。

8.3.1.2 模具安装时，冲床滑块的闭合高度应与模具的闭合高度保持一致，并紧固牢靠。

8.3.1.3 送料、接料时，严禁将手或身体其他部位伸进危险区内。加工小件应选用专用镊子、钩子、吸盘、送接料机构等辅助工具。模具卡住坯料时，应先停车断电，再用工具去解脱和取出。

8.3.1.4 操作者站立位置应恰当，手和头部应与冲床保持一定距离，并时刻注意冲头动作。

8.3.1.5 每冲完一个工件，手或脚应离开按钮或踏板，以防误操作。严禁用压住按钮或踏板的方法进行连车操作。

8.3.1.6 两人或以上共同操作时，负责操作者应注意送料人的动作，严禁一面取件一面扳（踏）闸。

8.3.2 剪床

8.3.2.1 禁止超长度、超宽度和超厚度使用剪床。

8.3.2.2 发生连车、崩刀等异常状况时，应立即停止工作，检修完好后方可重新操作。

8.3.2.3 剪短料时，应使用工具推进。严禁用手穿过压料装置去拨刀口对面搁置的余料。

8.3.2.4 剪床出料部位不得站人、接料。

8.3.2.5 严禁同时剪切不同材质和不同规格的材料。

8.3.3 摩擦压力机

8.3.3.1 安装模具时，应采取防止上模下滑的安全措施。

8.3.3.2 飞轮转动时，不得调整或安装模具。

8.3.4 油压机

8.3.4.1 作业时不得超过额定压力。

8.3.4.2 调整模具、测量工件、检查和清理设备时，均应停车进行。调整时应采用点动操作方式。

8.3.4.3 禁止将工具放入挤压范围之内。

8.3.5 折边机

8.3.5.1 使用前，应进行空车运转检查。

8.3.5.2 上、下模的前后距离应根据折边板厚度调整适当，保持适当行程量，避免上、下模卡死。
8.3.5.3 折边机启动并待转速正常后，操作者方可开始作业，并应注意周围人员的安全。
8.3.5.4 严禁将工具及手伸进上、下模之间。
8.3.5.5 加工材料的规格及所使用的压力，不得超过机床允许的范围。
8.3.5.6 板料折弯时，应压实扶稳，操作人员应站在安全位置，避免折弯时板料翘起伤人。
8.3.5.7 两人配合作业时，应相互确认。
8.3.5.8 折弯作业中，上下模压住时应将手脱离工件。
8.3.5.9 折弯细长零件或小零件时应使用夹子、钳子等专用工具，禁止直接用手送料。

8.3.6 切边机

8.3.6.1 工作中不得用手送接工件；模具卡料时，应停车并用工具排除。
8.3.6.2 剪切工件（特别是较厚的工件）的一端时，应注意另一端不得翘起或下滑。

8.3.7 卷板机

8.3.7.1 工件上禁止站人。
8.3.7.2 板料进入辊筒时，应防止手或衣物被绞入辊子内。
8.3.7.3 板料落位后及机床开动过程中，进出料方向严禁站人。
8.3.7.4 不得卷制有凸台或凸出板面焊缝的板材。
8.3.7.5 调整辊筒、板料时应停车。

8.4 木工机械作业

8.4.1 一般规定

8.4.1.1 作业前，应启动通风除尘装置，并清除木料中的金属异物。
8.4.1.2 机床启动后，应待主轴运转正常后，方可工作。
8.4.1.3 锯、刨床等加工长料时，对面应有人接料。
8.4.1.4 禁止在作业场所吸烟、动火。

8.4.2 木工锯床

8.4.2.1 作业前应检查锯片松紧状况、垂直度和固定销，禁止使用有裂纹、不平、不光滑、锯齿不锋利的锯片。
8.4.2.2 圆盘锯应装有楔片和防护罩。锯片应紧固并垂直于转轴的中心线，启动时不得有振动。开动前应检查各部是否完好有效，空转 2min 后再工作。
8.4.2.3 跑车带锯机应设置有效的护栏，锯条接头不应多于 3 个，且无裂纹。
8.4.2.4 机床开动后，作业人员应避开锯盘旋转方向，手或人体其他任何部位不得接近锯齿。不得用腹部顶着木料推进。
8.4.2.5 已经锯开的工件、木料，不得反方向拉回。
8.4.2.6 锯片未停止转动，禁止进行调整，禁止用木棒和其他物件制动。
8.4.2.7 前工作台与后工作台台面应保持平行。

8.4.3 木工刨床

8.4.3.1 刃具应安装牢固。
8.4.3.2 加工厚 20mm 以下、长 400mm 以下的木料时，应使用压料板和推料棍。
8.4.3.3 手工推木料刨大面时，手指不得从刨刀上方通过，应从另一面接料；刨小面时，手指与刀刃的安全距离应大于 50mm。接木料时应站在侧面，手距刀刃应在 300mm 以外。推料时，应防止木节和其他硬附着物跳动。
8.4.3.4 调整靠栅、清理刨花、排除卡堵时，均应停车并切断电源后进行。

8.5 绕线机作业

8.5.1 绕线机启动前，应点动绕线机脚踏开关进行试运转，查看是否正常，检查各紧固件是否良好，防护设施是否安全可靠。

8.5.2 排线打平时，作业人员的脚应离开脚踏开关。

8.5.3 对可调绕线模上下端螺丝紧固后，方可启动绕线机。

8.5.4 绕线时若发生导线零乱，应停止绕线机进行整理。

8.5.5 使用平直下料机时，导线进入滚轮并压紧后方可开车。若导线未入滚轮，应使用专门工具调整导线。

8.5.6 立绕机的升降、盖板的开合应使用专用控制装置，不得使用限位装置进行操作。

8.5.7 操作时，严禁同时进行两个操作动作。

8.5.8 所绕线圈重量与模具工装重量之和不得超过绕线机核定载重的 90%。

8.5.9 线圈脱模或换模时，可调模没有缩小或紧固可调模的螺栓未松之前，不得使用行车起吊。

8.6 砂轮机作业

8.6.1 砂轮机开动前，应检查砂轮机与防护罩之间有无杂物，确认无问题后方可启动。

8.6.2 作业人员应戴上防护眼镜、开动除尘装置后，方可进行工作。

8.6.3 砂轮机开动后应空转 2min～3min，砂轮机运转正常后方可进行作业。磨削作业时，应侧位操作，禁止面对砂轮圆周面进行磨削。

8.6.4 磨工件或刀具时，不得用力过猛，不得撞击砂轮。两人不得在同一个砂轮上磨削，不得使用砂轮的侧面磨削。

8.6.5 磨小工件时应用工具夹牢，以防挤入砂轮机内或挤在砂轮与托板之间。

8.6.6 挡屑板与砂轮圆周表面的间隙应不大于 6mm。

8.6.7 托架应有足够的面积和强度，并安装牢固，托架应根据砂轮磨损情况及时调整，其与砂轮的间隙应不大于 3mm。

9 表面处理作业

9.1 基本要求

9.1.1 作业时，耐酸碱服上衣不得扎在裤子内。

9.1.2 电镀和涂装用危险化学品应设专人保管。

9.1.3 进入作业场所前，应打开作业场所通风装置。

9.2 电镀作业

9.2.1 槽液配制

9.2.1.1 开启易挥发、有毒试剂瓶体时，瓶口禁止对向自己或他人。

9.2.1.2 搬运酸液和向镀槽加酸时，应采用专用小车或抬具。搬运前，应认真检查酸桶，并小心搬运和使用。

9.2.1.3 使用固定管道输送酸液或有毒液体时，应佩戴橡胶手套后再操作阀门；使用软管输送酸液或有毒液体时，禁止管口朝向人体。

9.2.1.4 配制挥发或有毒溶液时，现场应启动专用（局部）通风设施，操作人员应位于上风方向，禁止皮肤破损人员参加配制溶液作业。

9.2.1.5 配制碱液时，操作人员应将碱缓慢加入槽中，禁止一次性整袋倒入。

9.2.1.6 配制酸液时，操作人员应将酸液缓慢注入水中，禁止将水注入酸中或将酸注入热水中。

9.2.1.7 溶液配制完成后，操作人员应及时对手和脸，以及配制溶液所用的容器、工具进行清洗。

9.2.2 氰化电镀

9.2.2.1 禁止皮肤破损人员从事氰化电镀作业。

9.2.2.2 配制镀银、镀铜、浸锌溶液时，现场应有监护人员，并启动专用（局部）通风设施；操作人员应站在上风方向，药品应缓慢加入槽中。

9.2.2.3 氰化物添加完毕后，操作人员应立即将盛装氰化物的容器清洗干净，并按规定进行处置，不得用于其他用途。

9.2.2.4　溶液配制完后，操作人员应立即进行洗漱消毒，同时将作业时所用工具、衣物等清洗干净后妥善存放。

9.2.2.5　镀完的零件下挂前应洗净，零件表面残留水迹应用压缩空气吹干后方可下挂。

9.3　热镀锌作业

9.3.1　码料前应仔细检查工件，若存在漏锌孔、排气孔不合理、不充分等现象，应停止作业。

9.3.2　酸洗作业应采用酸雾吸收装置对产生的酸雾进行处理，并保持良好的通风。

9.3.3　加锌时，应将锌预热后缓慢加入锌锅内。未烘干的工件不得进入锌锅，所有与锌液接触的工具，进入锌液前应进行预热。

9.3.4　出现镀锌机卡工件时，应立即停车，用预热后的铁钩将工件拨出。

9.3.5　镀工件时，操作人员应与工件保持足够的安全距离。

9.3.6　工件在运行中如需调整时，应采用专用工具对工件进行调整，禁止用手接触工件。

9.3.7　向锌锅中加锌土时，应倒在平台上人工添加。

9.3.8　捞渣时，禁止站在锌锅沿上操作，锌渣应慢速倾入无水干燥容器中。

9.3.9　内吹时，禁止打开锌粉除尘箱。内吹除尘器周围不得有明火、水雾。

9.4　涂装作业

9.4.1　溶剂型涂料涂装

9.4.1.1　调配含有铅粉或溶剂挥发浓度较大的油漆时，应戴防毒面具。

9.4.1.2　涂装作业场所附近，不得进行电焊、切割等明火作业。

9.4.1.3　禁止将喷枪嘴对着自己和他人。

9.4.1.4　不得窥视或用手指触摸喷嘴。

9.4.1.5　喷漆室内所有金属制件（送排风管道和输送可燃液体的管道），应具有可靠的接地。

9.4.1.6　调和漆、腻子、硝基漆、乙烯剂等化学配料和汽油等易燃物品，应分开存放，密封保存。

9.4.1.7　溶剂和油漆在生产场所的储存量不得超过当班用量，且应放在阴凉的地方。

9.4.1.8　涂装作业过程中，不得打开涂装间门，并定时测定作业场所中可燃气体浓度。

9.4.1.9　增压箱内的油漆和喷枪所承受的空气压力，应保持稳定不变。

9.4.1.10　多支喷枪同时作业时，应拉开 5m 左右的间距，并按同一方向进行喷涂。

9.4.1.11　未用完的漆料和稀释剂应集中存放在调漆间。

9.4.1.12　停止使用或清扫喷枪时，应切断泵驱动源，放掉压力。

9.4.1.13　禁止用汽油和有机溶剂洗手。

9.4.2　粉末涂装

9.4.2.1　操作人员应定期体检，患有呼吸道疾病的人不得从事喷粉操作。

9.4.2.2　喷粉区外 10m 范围内除了工件外不得有其他易燃物质进入。

9.4.2.3　进入喷粉室的工件表面温度应低于粉气混合物引燃温度的 2/3，或较所用粉末自燃温度低 28℃。

9.4.2.4　通风管道应保持一定风速，同时应有良好接地，防止粉末积聚和产生静电。

9.4.2.5　应定期对喷淋线内部通道进行清理，清理时应保证喷淋线内部照明充足。

9.4.2.6　烘干炉、固化炉、前处理设备周围禁止堆积油漆、稀释剂、柴油等易燃易爆物品。

9.4.2.7　静电喷涂室内禁止明火，非工作人员不得进入喷涂室。

9.4.2.8　喷房内应备有灭火器，但不宜使用易使粉末涂料飞扬或污染的灭火器材。

9.4.2.9　喷粉区地面应采用非燃或难燃的静电导体或亚导体材料铺设，应平整、光滑、无缝隙，凹槽应便于清扫积粉。

9.4.2.10　喷涂前，应先开烘干炉升温预热，并打开喷涂室抽风机。

9.4.2.11　喷粉操作时，应在排风机启动至少 3min 后，方可开启高压静电发生器和喷粉装置。停止作业时，应在停止高压静电发生器和喷粉装置至少 3min 后，再关闭排风机。

9.4.2.12 位于操作人员呼吸带处的空气粉末浓度不得超过 $10mg/m^3$，喷粉室开口面风速应为 0.3m/s～0.6m/s。

9.4.2.13 作业中应注意观察，挂具及工件不得有卡死、摇摆、碰撞和偏位滑落等现象。

9.4.2.14 作业中禁止撞击工件或设备摩擦产生火花。

9.4.2.15 静电喷涂时，操作人员不得随意接近静电喷枪。

9.4.2.16 自动喷涂系统处于运行状态时，除补喷工位持枪者手臂外，人体各部分均不得进入喷室。

9.4.2.17 应及时清除工作场所沉积的粉末，禁止使用高压气管进行吹尘清洁。积粉清理宜采用负压吸入方式。

9.4.2.18 喷粉作业过程中，如循环使用排放废气时，回流到作业区的空气含尘量不得超过 $3mg/m^3$，且回流气体不得含有易燃易爆气体。

9.4.2.19 粉末回收装置和其连接管道应配置能将爆炸压力引向安全位置的泄压装置，其引出管道长度应小于 3m。

9.4.2.20 禁止用易产生静电的材料包装粉末涂料，禁止一次性连续大量投料和强烈抖动，禁止将粉末涂料放置于烘道、取暖设备等易触及热源的场所。

9.4.2.21 出现喷粉室开口断面风速低于最小设计风速、风机故障、回收供粉系统堵塞、高压系统故障、漏粉跑粉等异常状态时，应停止作业，故障排除后方可继续作业。

10 绝缘件、电线电缆制造作业

10.1 绝缘件制造作业

10.1.1 喷口制造

10.1.1.1 磨粉机作业时，防尘盖应保持关闭状态。

10.1.1.2 磨粉作业结束，应关闭气流阀，取下粉料收集袋并扎紧，防止粉料逸散。

10.1.1.3 喷口模具应与压力机滑块中心对正，并根据装模高度调整滑块下行限位，使滑块与模具保持一定距离。

10.1.1.4 添加粉料应使用专用漏斗，禁止用手直接向模具内添加。

10.1.1.5 压制作业开始前，应关闭安全格栅。作业过程中，禁止打开安全格栅查看工作状况。

10.1.1.6 压制作业结束，应将滑块升到高处，关闭压力机总电源。

10.1.1.7 烧结作业时，工件码放位置与烧结炉炉壁应保持 100mm～200mm 间距，炉门应关紧并开启自锁装置。作业结束前不得强行打开烧结炉。

10.1.1.8 烧结作业结束，应待炉内温度冷却至室温后，方可开启炉门，拿取工件。

10.1.2 硅橡胶炼制

10.1.2.1 原料加热烘干处理后，应打开烘箱门，使原料自然冷却。

10.1.2.2 应在停机状态下添加原料和试剂，顺搅拌槽槽壁慢慢倒入，防止粉尘飞扬和试剂飞溅。

10.1.2.3 作业人员进入捏炼室，应在控制室控制台上悬挂“禁止合闸，有人工作”安全警示标志。

10.1.2.4 捏炼作业应在密封和真空状态下进行，作业过程中禁止打开密封盖检视。

10.1.2.5 出料时，作业人员应注意避开搅拌槽出料方向。

10.1.2.6 硫化机开启前，应先打开辊筒冷却循环系统。

10.1.2.7 作业时，应保持身体和辊筒之间有足够的安全距离。

10.1.2.8 取料应在停机状态下进行，禁止钻入设备下部取料。

10.1.3 环氧树脂浇注

10.1.3.1 添加硅微粉原料时，应将解袋站窗口锁紧。

10.1.3.2 环氧树脂加热、溶解过程中应去除容器封盖，并预留 50mm～100mm 空间。禁止对未启封的环氧树脂直接加热溶解。

10.1.3.3　环氧树脂加热溶解过程中，作业人员不得离开工作岗位。

10.1.3.4　模具出、入浇注罐时，模具托盘车应处于刹车状态。

10.1.3.5　清洗漏斗和网片时，应戴乳胶手套和防毒口罩。

10.1.3.6　拆卸浇注罐内的网袋和清理罐体应在停机状态下进行，作业人员应佩戴头面部护具。

10.1.3.7　采样和拆卸计量罐、预混罐时，应关闭浇注线管道自循环装置。

10.1.3.8　拆卸单向阀时，作业人员应佩戴头面部护具、乳胶长手套，避开采样口正面。

10.1.4　硅橡胶注射

10.1.4.1　用酒精清洗绝缘子柱芯表面和涂抹偶联剂时，作业人员应佩戴防护口罩和一次性硅胶手套。

10.1.4.2　清洗后的绝缘子柱芯应静置 10min～20min，待酒精充分挥发后，方可进行烘干处理。

10.1.4.3　绝缘子柱芯穿套支撑钢芯时，应将工装小车车轮锁紧，同时注意避开设备牵拉的正面。

10.1.4.4　吊装绝缘子柱芯，应用环状尼龙柔性吊索捆扎支撑钢芯两端，使柱芯处于水平状态。

10.1.4.5　注射过程中，禁止打开注射机加料仓盖板观察。

10.1.5　装（脱）模

10.1.5.1　向型腔内喷涂脱模剂时，作业人员应佩戴防毒面具。

10.1.5.2　模具上的嵌件定位螺栓和模具锁紧螺栓等附件应连接紧固。

10.1.5.3　脱模时，应先去除模具底部嵌件定位螺栓和模具锁紧螺栓等模具附件，对称、均匀地旋转底部开模螺栓，开启型芯。

10.1.5.4　脱模工位正前方不得站人。

10.1.6　法兰浇装

10.1.6.1　竖起绝缘子时，应有专人指挥，与吊车密切配合。

10.1.6.2　竖起的绝缘子在加热板上直立放稳后，应采取防倾倒措施。

10.1.6.3　在地坑内实施法兰浇装时，地坑周围应安装护栏，并悬挂“当心坠落”和“禁止翻越”安全警示标志。

10.2　电线电缆制造作业

10.2.1　一般规定

10.2.1.1　设备运转过程中，严禁穿过、跨越防护设施、地面警戒线、地轴等，收、放线处警戒线内严禁人员走动或站立，警戒线区域内严禁停留。

10.2.1.2　移动盘具过程中，严禁用脚蹬，人应随着盘具走，或互相协调站好位置后递进式传动，防止撞击人、产品或设备。盘具吊运应使用专用吊具。

10.2.1.3　上盘时，应将顶针顶牢、保险销旋紧、关上防护栏后再开车，收线盘前后禁止站人。

10.2.1.4　换盘时，设备停稳后方可操作。

10.2.1.5　下盘时，应做好防护措施并看清前面有无人员或物体遮挡。

10.2.1.6　绞制作业、拉制作业过程中，作业人员应及时清理模口铝粉，避免铝粉过多与高温拉丝油混合发生自燃。

10.2.2　铜、铝连铸连轧

10.2.2.1　设备运行时，作业人员与除尘设备管道应保持 2m 以上安全距离。

10.2.2.2　清尘操作应在设备处于室温状态下进行。

10.2.2.3　点火前，应打开炉门与顶盖，严禁人员站在炉门直对处及流槽嘴出口处。点火失败时应立即关闭燃料切断阀，同时打开大风管道阀门将炉门烟雾吹净。

10.2.2.4　正常熔化阶段观察时，应防止铝锭或铜板下落时溅出炼液。放炼液时，正前方禁止站人。

10.2.2.5　加料作业时，操作人员应站在警示线以外，严禁在加料机周围站立或停留。

10.2.2.6　加料斗的大块铝锭应固定在一起，以防脱落。

10.2.2.7　操作熔剂喷射机时，操作人员应离炉口 2m 以外。

10.2.2.8　打开大流槽后，应及时清理流口，调整放流大小，不得让铝水或铜水溢满流出。发现铝水或铜水从容器内溢出时，禁止用水去浇。对溢出的铝水或铜水应使用滑石粉、耐火泥隔离，待冷却后及时处理。

10.2.2.9　调整轧机时，轧槽中不得有料，并应通知铸机操作人员不得来料。

10.2.2.10　调整导板、导位轮、导向管时应停机进行。轧机出杆前方严禁站人。严禁在开车时修正轧辊孔形。

10.2.2.11　调整轧机或更换新辊时，应先用不少于 700mm 的短头试轧。

10.2.3　扒渣、清渣

10.2.3.1　扒渣过程中，操作人员离扒渣口应在 2m 以上。

10.2.3.2　扒渣作业所使用的工具应保持干燥。

10.2.3.3　清渣作业时，渣体温度应低于 50℃后方可搬运。

10.2.4　铜线、铝线拉制

10.2.4.1　穿模时，严禁用手触摸穿模机转动部分或穿模机滚筒。

10.2.4.2　松线时，应先切断电源，再松开阀门，待机器完全停止后再分线，取线时手不得放入模座与滚筒之间。

10.2.4.3　拉丝过程中发生断头时，严禁用手挡滚筒及导体。滚筒上有重叠线时，应先停车再调整，严禁用手拨动。

10.2.4.4　在拉丝机厢体内部滚筒上绕线时，内外两人应取得并保持联系，外部人员应按照内部绕线人的指令，采用点动方式开动滚筒，禁止使用启动开关。

10.2.5　绞制（导线、线芯）

10.2.5.1　上盘装置上下线作业。盘径大于 500mm 的铁盘上盘时，应使用吊车或上盘小车进行上盘，严禁人工抬盘。

10.2.5.2　导线（线芯）绞制作业。开机前应关闭旋转部位防护栏，开机过程中，绞笼防护栏外严禁人员停留。

10.2.6　挤塑

10.2.6.1　作业期间，作业人员严禁触碰机头加热装置。

10.2.6.2　严禁金属物体及身体触碰设备加热装置接线柱。

10.2.6.3　火花机应有可靠接地，使用过程中禁止用手、金属物触碰串珠。

10.2.7　交联

10.2.7.1　温水交联蒸煮产品时，应先将高温蒸汽排放后再作业；蒸煮过程中，门、盖应密封。

10.2.7.2　操作人员穿线头、引线时，严禁手进入牵引部位。操作人员严禁站在收、放线盘的正面，设备运转中严禁触碰盘具及其转动部位。

10.2.7.3　启动交联机排料期间，作业人员严禁离开控制台，一旦发现仪表显示异常，应立即停机检查。

10.2.7.4　作业人员应随时检查氮气压力、安全阀是否正常，随时检查水泵工作是否正常，定期为制氮器排水。

10.2.7.5　测偏仪应封闭后方可开启扫描；铍窗清理应由专业机构的专业人员进行。

10.2.8　成缆

10.2.8.1　收线架和放线架的工装盘具在上下盘时，作业人员应互相配合，将其正确放入篮筐中，锁紧制动装置，作业人员应站在侧面。工字轮入筐后，作业人员应将顶针调整到位，并锁好弹簧销轴。

10.2.8.2　多人操作时，应互通信号后方可开车。

10.2.9　绕包

10.2.9.1　机器开动时，应先确定手柄挡位，然后操作调速旋钮，由低速向高速逐步提高；机器运转时，严禁操作手柄换挡或换向。

10.2.9.2 调换绕包带和调节节距时应停机，待设备停稳后方可进行。

10.2.9.3 制动器应定期调整，制动时应接触良好。

11 检测与试验作业

11.1 基本要求

11.1.1 从事着色（渗透）、射线探伤检测作业的人员矫正后的裸眼视力应不低于 1.0。色盲人员不得从事着色（渗透）检测作业。

11.1.2 孕期与哺乳期妇女、未成年人和有职业禁忌者禁止从事射线探伤和测厚检验作业。

11.1.3 检测和试验作业场所应使用固定或移动围栏与周边区域有效隔离，或独立设置，并悬挂必要的安全警示标志。

11.1.4 放射源应存放在安全可靠的场所，并由专人保管。存放和作业场所应张贴“当心电离辐射”安全警示标志。

11.2 检测作业

11.2.1 磁粉探伤

11.2.1.1 作业人员应穿绝缘鞋，作业时应站在绝缘垫板上。

11.2.1.2 磁粉探伤设备的电气元件、绝缘性能应保持良好，导电板螺栓应连接可靠。

11.2.1.3 夹持或拿取工件时，应在切断探伤设备主电源的情况下进行。

11.2.1.4 探伤机充电（磁）时，施加的电压、电流不得超过额定负荷。

11.2.2 着色（渗透）和荧光探伤

11.2.2.1 荧光探伤作业人员应佩戴防紫外线护目镜，检查、确认紫外线荧光灯滤光片完好无损后，方可开始作业。禁止裸眼直视紫外线荧光灯。

11.2.2.2 着色（渗透）探伤剂容器应加盖密封，储存于阴凉、通风处，远离明火、高温场所，避免阳光直射。

11.2.2.3 待检工件应充分冷却后，方可进行着色（渗透）和荧光探伤作业。

11.2.2.4 向工件表面喷涂着色（渗透）探伤剂时，作业人员应站在上风方向，保持溶剂罐喷口与工件表面间距 100mm 左右。禁止向人或空气中喷洒探伤剂。

11.2.2.5 着色（渗透）探伤剂空罐应统一回收，集中处置，禁止挤、压空罐。

11.2.3 射线探伤（测厚）

11.2.3.1 作业人员应佩戴个人辐射剂量计。

11.2.3.2 作业前，作业负责人应检查、确认探伤房（室）内无遗留人员和无关物品（物料）后，方可下达开始作业的命令。

11.2.3.3 作业中，工作警示信号应保持开启状态。作业人员不得离开控制室。

11.2.3.4 作业中断或结束时，应打开探伤室门（窗）和通风装置，保持通风 15min 以上，方可进入探伤室内。

11.2.3.5 使用移动式或便携式 X 射线装置时，控制器与 X 射线管头或高压发生器连接电缆不得短于 20m，并应划定控制区域，安排专人监护，悬挂安全警示标志。在不能利用距离防护的地方应采取适当的屏蔽措施。作业时，周围的空气比释能动率在 $40\mu Cy \cdot h^{-1}$ 以上的范围内应划为控制区，设置明显的警告标识，并安排专人监护。作业结束后，应妥善保管射线装置。

11.2.3.6 任何情况下，不得对充有压力的物体（如压力容器、高压气瓶等）和存在易燃、易爆危险的物体施行射线探伤作业。

11.2.3.7 使用放射源进行测厚作业时，身体任何部位均不得进入射线照射范围内。

11.2.4 气相分析

11.2.4.1 使用氢气作为载入比对气体时，应在所有管路连接均设置好后，方可打开供气阀门。

11.2.4.2　作业结束，应待高温废气排出后，再依次关闭工作用气体阀门、被检气体阀门、仪器电源。废气排出口应悬挂“当心烫伤”安全警示标志。

11.2.5　金属材质分析

11.2.5.1　光谱仪和工作用气瓶（氩气）不得置于同一室内。

11.2.5.2　检测时，样品检测区防护罩应处于关闭状态。

11.2.5.3　电极清理应使用电极刷，禁止用手清理。

11.3　试验作业

11.3.1　一般规定

11.3.1.1　试验区域应设置声光警示信号和“禁止靠近”安全警示标志，警示信号和安全警示标志应醒目。有视觉障碍物的试验场所应配备齐全、可靠的通信联络设备。

11.3.1.2　试验设备的电气线路、安全装置性能应良好，接地应可靠。

11.3.2　高压电气试验

11.3.2.1　高压电气试验前，试验负责人应组织编写试验方案，方案中应明确试验任务、时间、接线、使用设备、人员名单及分工、操作步骤、安全措施和安全监护人等信息，报技术负责人审批。

11.3.2.2　高压试验作业不得少于两人，且设置专职监护人员。试验负责人应由有经验的人员担任。

11.3.2.3　从事放电操作的人员应穿绝缘靴（鞋）、戴绝缘手套，并站在绝缘垫上。

11.3.2.4　试验设备及试品金属外壳应可靠接地，高压引线应采用专用的高压试验线，并尽量缩短。必要时，应用绝缘材料支撑牢固。

11.3.2.5　非独立设置的试验场所，试验前应在周边装设高 1050mm～1200mm 的遮栏（围栏），遮栏（围栏）与试验设备高压部分的安全距离应符合要求，并向外悬挂“止步，高压危险！”安全标志牌，并开启试验声光警示信号。

11.3.2.6　同一试验区域内同时进行两种或两种以上类型的高压试验时，各试验区域间应预留足够的安全距离和安全通道，并用遮栏（围栏）隔开。

11.3.2.7　试验开始前，试验负责人应向全体试验人员详细布置试验任务和试验中的安全注意事项。

11.3.2.8　下达升压命令前，试验负责人应亲自或安排专人检查确认试验设备、试品、试验接线、表计倍率、量程、调压器零位及各类仪表处于正确状态，通知所有人员远离试验设备和试品，组织清理和封闭试验现场。

11.3.2.9　接到升压命令，操作人员应提醒“注意合闸”，并鸣铃示警。操作人员应站在绝缘垫上。

11.3.2.10　升压过程中，所有试验人员应保持注意力高度集中。如发生异常现象，应立即切断试验电源。异常现象未排除及原因未查明前，禁止恢复试验。

11.3.2.11　高压直流试验每告一段落或试验结束，均应将设备对地放电数次并短路接地。

11.3.2.12　未装接地线的大电容试品试验前，应先放电。

11.3.2.13　变更冲击电压发生器波头、波尾电阻或更换直流发生器极性，应对电容器逐级短路接地放电或启动短路接地装置。

11.3.2.14　变更接线或试验中断时，应首先断开试验电源，对升压设备的高压部分和试品进行充分放电和短路接地。

11.3.2.15　对大电容的直流试验设备和试品，以及直流试验电压超过 100kV 的设备和试品进行放电时，应先用带放电电阻的接地操作棒放电，再接短路接地放电。

11.3.2.16　试验设备和试品没有充分放电前，禁止靠近试验设备和试品，或触及、拆除、改动高压引线。

11.3.2.17　试验重新恢复前，应再次检查试验接线和确认试验安全措施。

11.3.2.18　试验结束，试验人员应切断试验电源，对试验设备和试品充分放电，拆除临时安装的电气线路（包括接地线），将试验设备和试品恢复到试验前的状态。试验负责人应对试验人员的工作进行复核。

11.3.3 机械特性和操作试验

11.3.3.1 对位于低位的操作机构进行试验时，试验设备与被试机构间的间距应大于 3m，且应在机构周边设置可靠的安全挡板。

11.3.3.2 试验开始前，试验人员应检查、确认试品气室处于额定压力状态，绝缘盆子试验防护法兰安装紧固、可靠，紧固螺栓上的力矩标识完整、无位移。

11.3.3.3 试验测试线路和测速传感器的安装、拆除，以及断路器的特性调试，应在切断操作电源和机构未储能的情况下进行。

11.3.3.4 分/合闸命令发出前，发令人员应以明确的信号告知配合人员。

11.3.3.5 进行分/合闸次数特性操作试验，应拆除传感器。

11.3.3.6 试验结束前，任何人不得移开安全挡板或接触机构。

11.3.3.7 试验因故中断或停止，应关闭操作和储能电源，并告知配合人员。

11.3.4 水压和气密性试验

11.3.4.1 放置试品时，应注意将端部避开通道或人员密集场所。

11.3.4.2 试品两端密封盖板紧固螺栓的选用应与试验压力相匹配，并定期更换。

11.3.4.3 密封盖板螺栓的紧固和拆除均应采取对角方法实施，禁止逐个按顺序紧固或拆除。

11.3.4.4 试验开始后，作业人员应对压力表数值进行实时监控，不得擅离岗位。发现试品或密封盖板变形，或发出异常声响时，应立即关闭试验设备，并进行抽气或泄压排水。

11.3.4.5 任何情况下，试验加压均不得超过试品的额定充装压力。禁止快速充/加压。

11.3.4.6 试品充/加压及压力保持过程中，试验人员应注意避开试品端盖板正面区域。

11.3.4.7 水压试验后，应及时泄压、排水；气密试验后，应及时泄压，将气室状态标识翻转到“常压”面。

11.3.4.8 拆除试品端盖前，应确认试品内处于常压状态。禁止带压拆卸试品。

11.3.4.9 气密性试验应在指定区域进行。

11.3.4.10 充气前，作业人员应对充气试品的螺栓紧固状态进行检查和确认。

11.3.4.11 气体充装速度和压力应严格遵守气体充装安全技术要求和产品装配工艺要求，不得过快、过高。

11.3.4.12 充装过程中，作业人员要经常巡视、监视充气状态，发现异常状况，应立即停止充气。

11.3.4.13 充气结束后，作业人员应填写气室状态标签，标明充气压力、充气时间和充气人，并悬挂于试品的醒目位置上。

11.3.5 电线电缆热延伸与老化试验和燃烧、低温、拉力试验

11.3.5.1 电线电缆热延伸与老化试验时，试验人员将试验物品放入烘箱内或取出时，应戴安全防护手套。

11.3.5.2 电线电缆燃烧试验前，试验人员应检查燃气管道密封、燃气阀门、气压仪表、点火组织的完好性，灭火装置同试验设备安全距离应符合安全要求。

11.3.5.3 电线电缆低温试验过程中，试验人员将试验物品放入低温试验箱内或取出时，应戴安全防护手套。

11.3.5.4 电线电缆拉力试验前，试验人员应检查夹具旋紧装置是否完好。

11.3.6 电线电缆局部放电试验

11.3.6.1 试验作业人员在进入试验场时应观察高压信号灯，当信号灯亮时，禁止进入试验室。

11.3.6.2 屏蔽室内所有金属应接地。确定屏蔽室内无人并关闭屏蔽室门后，方可进行试验。

11.3.6.3 串联谐振调谐时，调谐速度不宜过快。

11.3.6.4 被测试电缆进行电压试验后，进入试验场接线前，应首先用放电棒将被测试电缆全面对地放电，待静电消失后，方可用手触及。

11.3.7 电线电缆冲击耐压试验

11.3.7.1 试验设备应可靠接地后方可工作。

11.3.7.2 大电容设备放电时，应使用绝缘棒，绝缘棒握手部分距离接地引线应有足够长度。

11.3.8 电线电缆交流耐压试验

11.3.8.1 试验前，应检查连接线路有无短路、断路及漏电现象，电极接线是否良好，变压器的两个输出端是否粘有尘土、纤维等杂物。

11.3.8.2 试验前，应接通电路检查电源指示灯，高压指示灯应完好。

11.3.8.3 长时间耐压试验时，现场应有人看守，防止设备出现异常或有人员误入危险区域。

11.3.8.4 交流试验设备用作其他仪器高压电源时，仪器应远离高压场，避免试验人员操作时发生危险。

11.3.9 绝缘子抗弯和拉力试验

11.3.9.1 试验开始前，应隔离试验区域或关闭设备安全格栅。

11.3.9.2 试验过程中，不得进入试验隔离区内或打开安全格栅对工件进行检查、调试。

11.3.9.3 调整试品试验位置或工作台旋转时，作业人员应撤离工作台和旋转区域。

11.3.9.4 进行瓷柱式绝缘子抗弯或拉力试验时，应使用防护物品包裹试品，并适当扩大试验隔离区域。

附 录 A
（规范性附录）
常用安全标志式样及设置规范

A.1 常用禁止标志式样及设置规范参见表 A.1。

表 A.1 常用禁止标志式样及设置规范

序号	图形标志示例	名称	设置范围和地点	备注
1		禁止烟火	变（配）电所、喷涂区、电镀、热镀、酸洗、易燃易爆品存放点、油库（油处理室）、锅炉等处	—
2		禁止明火作业	易燃易爆物品场所等禁止明火作业地点	—
3		禁止放置易燃物	具有明火设备或高温的作业场所，如动火区，各种焊接、切割、锻造、浇注车间等场所	—
4		禁止跨越	禁止跨越的危险地段，如专用的运输通道、带式输送机和其他作业流水线，作业现场的沟、坎、坑等	—

表 A.1（续）

序号	图形标志示例	名称	设置范围和地点	备注
5		禁止穿化纤服装	有静电火花会导致灾害或有炽热物质的作业场所，如冶炼、焊接及存放易燃易爆物质的场所等	—
6		禁止靠近	不允许靠近的危险区域，如高压试验区域、输变电设备的附近等	—
7		未经许可 不得入内	易造成事故或人员伤害的场所，如变（配）电所、喷涂区、电镀、易燃易爆品存放点、油库（油处理室）等入口处	—
8		禁止攀登 高压危险	高压配电装置构架、变压器、电抗器、高压试验等设备的爬梯上，线路杆塔下部，距地面约 3 m 处	—
9		禁止停留	对人员具有直接危害的场所，如高处作业现场、吊装作业现场、卷帘门下等处	—

表 A.1（续）

序号	图形标志示例	名称	设置范围和地点	备注
10		禁止通行	有危险的作业区域入口或安全遮栏等处，如起重、道路施工工地等	—
11		禁止倚靠	不允许倚靠的安全遮栏（围栏、护栏、围网）等处	—
12		禁止抛物	抛物易伤人的地点，如高处作业现场、深沟（坑）等处	—
13		禁止触摸	禁止触摸的设备或物体附近，如裸露的带电体，炽热物体，具有毒性、腐蚀性物体等处	—
14		禁止合闸 有人工作	设备或线路检修时，相应开关附近	临时 设置
15		待维修　禁止操作	需要维修的设备旁	临时 设置

表 A.1（续）

序号	图形标志示例	名称	设置范围和地点	备注
16		禁止伸入	易于夹住身体部位的装置或场所	—
17		禁止戴手套	戴手套易造成手部伤害的作业地点，如钻床、车床、铣床、磨床等机加工设备旁醒目位置	—
18		禁止穿带钉鞋	有静电火花会导致灾害或有触电危险的作业场所，如易燃易爆气体或粉尘的车间及带电作业场所	—
19		禁止堆放	消防器材存放处、消防通道、逃生通道、车间主通道及巡视通道等处	—
20		禁止开启 无线移动通信设备	火灾、爆炸场所以及可能产生电磁干扰的场所，如电子加工场所、油库等	—
注：禁止标志牌的类型、规格、尺寸、设置高度和安装位置应参照 Q/GDW 1434.6 执行。				

A.2　常用警告标志式样及设置规范参见表 A.2。

表 A.2　常用警告标志式样及设置规范

序号	图形标志示例	名称	设置范围和地点	备注
1		注意安全	易造成人员伤害的场所及设备等	—
2		止步危险	一旦前进或进入就可能对人身造成伤害或影响设备正常运行的场所	—
3		当心车辆	生产场所内车、人混合行走的路段，道路的拐角处、平交路口，车辆出入较多的生产场所出入口处	—
4		当心触电	有可能发生触电危险的电器设备，如配电室、开关等	—
5		止步　高压危险	带电设备固定围栏上、室外带电设备构架上、高压试验地点安全围栏上、因高压危险禁止通行的过道上、工作地点临近带电设备的安全围栏上、工作地点临近带电设备的横梁上等	—

表 A.2（续）

序号	图形标志示例	名称	设置范围和地点	备注
6		当心电离辐射	产生辐射危害的作业场所，如射线探伤场所	—
7		当心噪声	产生噪声（强度：75dB～90dB）较大的生产场所	—
8		当心低温	易于导致冻伤的场所	—
9		当心烫伤	具有热源易造成伤害的作业地点，存在高温气体泄漏危险或可能触及的高温管道，如锻造、铸造、热处理车间等	—
10		当心火灾	易发生火灾的危险场所，如铆、焊、锻、铸车间；木材加工、仓库、档案室及有易燃易爆物质的场所	—

表 A.2（续）

序号	图形标志示例	名称	设置范围和地点	备注
11		当心爆炸	易发生爆炸危险的场所，如易燃易爆的使用或受压容器等场所	—
12		当心中毒	会产生有毒物质场所，如酸洗、镀锌、喷涂等场所	—
13		当心腐蚀	存放、装卸和使用有腐蚀性物质的场所或容器	—
14		当心激光	能产生激光辐射危害的生产场所	—
15		当心弧光	由于弧光造成眼部伤害的各种焊接作业场所	—

表 A.2（续）

序号	图形标志示例	名称	设置范围和地点	备注
16		当心坑洞	具有坑洞易造成伤害的作业地点，如生产现场和通道临时开启或挖掘的孔洞四周的围栏等处	—
17		当心滑倒	地面有易造成伤害的滑跌地点，如地面有油、冰、水等物质及滑坡处	—
18		当心绊倒	现场有绊倒危险的地方，如管线现场、地面有其他临时性障碍物处	—
19		当心碰头	有产生碰头危险的场所	—
20		当心坠落	易发生坠落事故的作业地点，如脚手架、高处平台、地面的深沟（池、槽）、高处作业场所等	—

表 A.2（续）

序号	图形标志示例	名称	设置范围和地点	备注
21		当心机械伤人	易发生机械卷入、轧压、碾压、剪切等机械伤害的作业地点	—
22		当心伤手	易造成手部伤害的作业地点，如机械加工工作场所等	—
23		当心扎脚	易造成脚部伤害的作业地点，如施工工地及有尖角散料等处	—
24		当心夹脚	现场有夹脚危险的地方，如辊式输送机中交替驱动辊轮的相邻轮间	—
25		当心吊物	有吊装设备作业的场所，如施工工地、车间等	—

表 A.2（续）

序号	图形标志示例	名称	设置范围和地点	备注
26		当心落物	易发生落物危险的地点，如高处作业、立体交叉作业的下方等处	临时设置
27		注意通风	易造成人员窒息或有害物质聚集的场所，如大型厂房、易燃易爆存放区、长期封闭的沟渠孔洞入口等	—
28		压力容器请勿靠近	固定安装的压力容器及压力管道附近或本体上	—
注：警告标志牌的类型、规格、尺寸、设置高度和安装位置应参照 Q/GDW 1434.6 执行。				

A.3　常用指令标志式样及设置规范参见表 A.3。

表 A.3　常用指令标志式样及设置规范

序号	图形标志示例	名称	设置范围和地点	备注
1		必须戴安全帽	头部易受外力伤害的作业场所	—

表 A.3（续）

序号	图形标志示例	名称	设置范围和地点	备注
2		必须戴防护帽	易造成人体缠绕伤害或有粉尘污染头部的作业场所，如具有旋转设备的机加工车间等	—
3		必须戴防护眼镜	对眼睛有伤害的各种作业场所和施工现场	—
4		必须配戴遮光护目镜	存在紫外、红外、激光等光辐射的场所，如电气焊等	—
5		必须戴护耳器	噪声超过 85dB 的作业场所	—
6		必须戴防毒面具	具有对人体有害的气体、气溶胶、烟尘、油漆等作业场所，如有毒、有害物散发的地点	—

表 A.3（续）

序号	图形标志示例	名称	设置范围和地点	备注
7		必须戴防尘口罩	具有粉尘的作业场所，如粉状物、化纤车间等	—
8		必须配戴防护面罩	容易出现面部伤害的作业场所，如电焊工、磨削工等岗位	—
9		必须戴防护手套	易伤害手部的作业场所，如具有腐蚀、污染、灼烫、冰冻及触电危险的作业等	—
10		必须穿防护鞋	易伤害脚部的作业场所，如具有腐蚀、灼烫、触电、砸（刺）伤等危险的作业地点	—
11		必须系安全带	易发生坠落危险的作业场所，如高处从事建筑、检修、安装等作业	—

表 A.3（续）

序号	图形标志示例	名称	设置范围和地点	备注
12		必须穿防护服	具有放射、微波、高温及其他需防护服的作业场所	—
13		必须配戴绝缘防护用品	操作高压设备的场所，如变电所、电气设备、高压试验室	—
14		必须用防护屏	焊接、切割及打磨等场所	—
15		必须加强通风	必须加强通风的场所，如酸洗、电镀、焊接车间或区域、因较封闭的工作空间而影响工作人员健康的场所	—
16		触摸释放静电	需消除人体静电场所，如易燃易爆场所、电子加工区域、精密仪器检定室等入口处的释放人体静电设备旁	—

表 A.3（续）

序号	图形标志示例	名称	设置范围和地点	备注
17		必须接地	防雷、防静电场所	—
18		必须采取固定措施	气瓶储存、使用场所	—
19		通道必须保持通畅	逃生、消防等安全通道处	—
20		必须持证上岗	特种作业场所	—
注：指令标志牌的类型、规格、尺寸、设置高度和安装位置应参照 Q/GDW 1434.6 执行。				

A.4 常用提示标志式样及设置规范参见表 A.4。

表 A.4　常用提示标志式样及设置规范

序号	图形标志示例	名称	设置范围和地点	备注
1		在此工作	工作地点或调试设备上	—

表 A.4（续）

序号	图形标志示例	名称	设置范围和地点	备注
2		从此上下	工作人员可以上下的铁（构）架、爬梯上	—
3		从此进出	工作地点遮栏的出入口处	—
4		饮用水	办公或生产场所饮水处	—
5		洗眼装置	危险化学品、喷涂等使用场所	—
注：提示标志牌的类型、规格、尺寸、设置高度和安装位置应参照 Q/GDW 1434.6 执行。				

附 录 B
（规范性附录）
常用消防安全、应急标志式样及设置规范

B.1 常用消防安全标志式样及设置规范参见表 B.1。

表 B.1 常用消防安全标志式样及设置规范

序号	图形标志示例	名称	设置范围和地点	备注
1		消防手动启动器	根据现场环境，设置在适宜、醒目的位置	图形标志与名称文字组合使用
2		火警电话	根据现场环境，设置在适宜、醒目的位置	图形标志与名称文字组合使用
3		灭火器	灭火器、灭火器箱的上方或存放灭火器、灭火器箱的通道上	组合标志。 泡沫灭火器器身上应标注“不适用于电火”
4		灭火器箱	灭火器箱前面部示范：灭火器箱、火警电话、厂内火警电话、编号等字样	泡沫灭火箱上应在其顶部标志“不适用电火”字样
5		地上消火栓	距离地上消火栓 1 m 的范围内，不得影响消火栓的使用	组合标志

表 B.1（续）

序号	图形标志示例	名称	设置范围和地点	备注
6		消防水带	指示消防水带、软管卷盘或消防栓箱的位置	图形标志与名称文字组合使用

B.2　常用应急标志式样及设置规范参见表 B.2。

表 B.2　常用应急标志式样及设置规范

序号	图形标志示例	名称	设置范围和地点	备注
1		紧急出口	便于安全疏散的紧急出口处，与方向箭头结合设在通向紧急出口的通道、楼梯口等处	—
2		紧急集合点	在发生突发事件时，用于容纳和集合危险区域内疏散人员的场所，如空旷场地、广场等	图形标志与名称文字组合使用
3		急救药箱	在急救药箱摆放处	—
注：消防安全、应急标志牌的类型、规格、尺寸、设置高度和安装位置应参照 Q/GDW 1434.6 执行。				

附　录　C
（规范性附录）
职业病危害告知牌式样

C.1　在有危险化学品作业岗位的醒目位置设置岗位职业病危害告知牌，式样参见图 C.1。

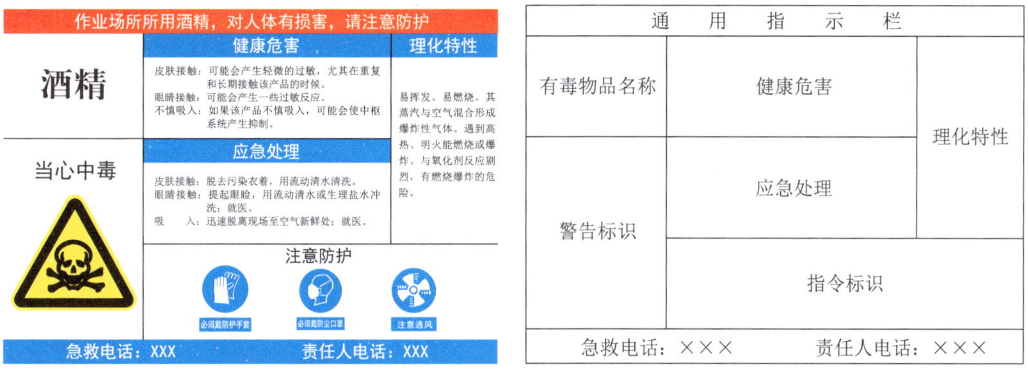

a）示例图　　　　b）解释图

图 C.1　危险化学品作业岗位职业病危害告知牌式样

C.2　在有粉尘作业岗位的醒目位置设置粉尘作业岗位职业病危害告知牌，式样参见图 C.2。

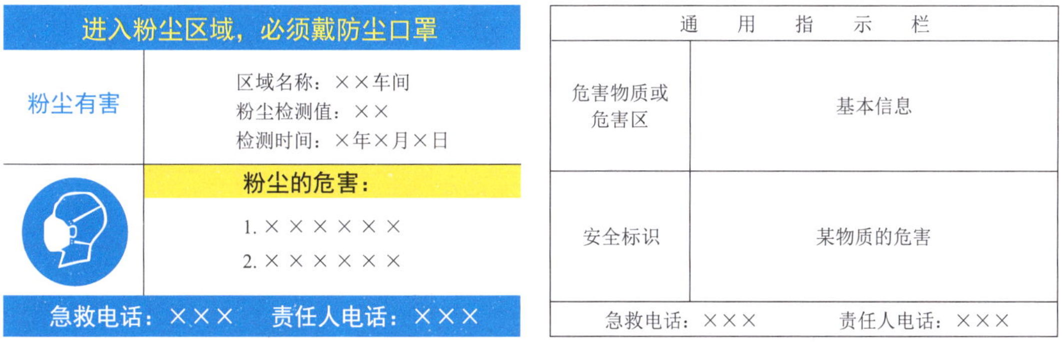

a）示例图　　　　b）解释图

图 C.2　粉尘作业岗位职业病危害告知牌式样

C.3　在噪声作业岗位的醒目位置设置噪声作业岗位职业病危害告知牌，式样参见图 C.3。

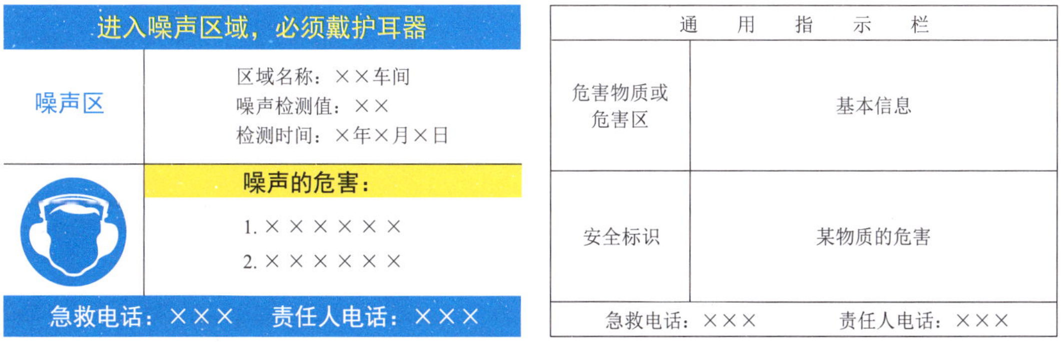

a）示例图　　　　b）解释图

图 C.3　噪声作业岗位职业病危害告知牌式样

附 录 D
（资料性附录）
高处作业申请单格式

<table>
<tr><td>申请日期</td><td colspan="3"></td><td>编号</td><td></td></tr>
<tr><td>作业时间</td><td colspan="3">年 月 日 时 分至 年 月 日 时 分</td><td>申请人</td><td></td></tr>
<tr><td>作业地点</td><td colspan="5"></td></tr>
<tr><td>作业内容</td><td colspan="3"></td><td colspan="2" rowspan="2">高处作业人员签名：</td></tr>
<tr><td>作业高度</td><td>m</td><td>高处作业等级</td><td>级</td></tr>
<tr><td>承包商名称</td><td></td><td colspan="4">承包商公司应具有国家规定的相应资质，并在其等级许可范围内施工</td></tr>
<tr><td>承包商负责人签名</td><td></td><td colspan="3">对施工人员资质检查并取得复印件</td><td>是□否□</td></tr>
<tr><td colspan="2">危险识别</td><td>是/否</td><td colspan="2">控制措施</td><td>被要求</td></tr>
<tr><td colspan="2">工作环境—架空输电线路</td><td>□□</td><td colspan="2">对输电线路进行标识/绝缘，输电线路断电</td><td>□</td></tr>
<tr><td colspan="2">工作环境—其他高架障碍物</td><td>□□</td><td colspan="2">辨识危险后对应控制</td><td>□</td></tr>
<tr><td colspan="2">工作环境—雨、雪天气</td><td>□□</td><td colspan="2">采取可靠的防滑、防寒和防潮措施</td><td>□</td></tr>
<tr><td colspan="2">工作环境—6 级以上强风、浓雾天气</td><td>□□</td><td colspan="2">6 级以上强风、浓雾天气停止作业</td><td>□</td></tr>
<tr><td colspan="2">人员坠落—从屋顶、建筑物或结构物上坠落</td><td>□□</td><td colspan="2">坠落防护装置（护栏、安全网等），屋顶加固</td><td>□</td></tr>
<tr><td colspan="2">人员坠落—从缝隙、天窗坠落</td><td>□□</td><td colspan="2">专用作业平台、安全绳索、安全帽、防滑隔板等</td><td>□</td></tr>
<tr><td colspan="2">材料/设备坠落到下方—使用的工具</td><td>□□</td><td colspan="2">作业现场下方设路障，禁止无关人员进出</td><td>□</td></tr>
<tr><td colspan="2">材料/设备坠落到下方—建筑材料/机器设备</td><td>□□</td><td colspan="2">现场下方设禁止进入护栏，采用适当的吊运设备</td><td>□</td></tr>
<tr><td colspan="2">30m 以上高处作业配备通信、联络工具</td><td>□□</td><td colspan="2">30m 以上高处作业配备通信、联络工具，作业前对作业人员进行安全教育</td><td>□</td></tr>
<tr><td colspan="3">其他补充危险描述：</td><td colspan="3">其他补充控制措施描述：</td></tr>
<tr><td colspan="6">对选用的作业设备（如爬梯、移动式平台、伸缩梯、脚手架等）进行描述：

对选用的作业设备将采取的安全措施（如屏障、底脚、安全网、安全带等）进行描述：</td></tr>
<tr><td colspan="6">作业负责人签名：

部门负责人签名：

现场监护人员签名：</td></tr>
<tr><td colspan="6">安全部门审批人意见：　　签名：　　年 月 日

单位负责人审批签名（若需要）：　　年 月 日</td></tr>
<tr><td colspan="6">作业前，监护人验票签字：　　年 月 日 时

完工验收检查签名：　　年 月 日 时</td></tr>
<tr><td colspan="6">1. 高处作业：凡在坠落高度基准面 2m 及以上有可能坠落的高处进行的作业。
2. Ⅰ级高处作业由车间（部门）负责落实安全措施，可不办理申请单；Ⅱ级高处作业经安全部门审批后实施；Ⅲ级及以上高处作业经单位负责人审批后实施。
3. 本申请单一式三联，由申请部门、现场作业人员、审批部门各持一联，保存期限至少 1 年。</td></tr>
</table>

附　录　E
（资料性附录）
有限空间作业申请单格式

申请日期		编号	
作业时间	年　月　日　时　分至　年　月　日　时　分	申请人	
作业地点			
作业内容		作业人员名单：	
主要介质			
承包商名称		承包商公司应具有国家规定的相应资质，并在其等级许可范围内施工	
承包商负责人签名		对施工人员资质检查并取得复印件	是□否□

危险识别	是/否	控制措施	被要求
氧气过量的可能性（富氧）	□□	进入前对空气进行气体分析合格	□
氧气不足的可能性（缺氧）	□□	进入前，佩戴个人气体监控器	□
存在易燃物质的可能性	□□	隔离机械设备与电动设备，管道阀门	□
存在有毒物质的可能性	□□	配有空气呼吸保护器	□
有液体/气体从外部流入的可能性	□□	有足够的安全出入口	□
有可流动的固体物料存在	□□	作业时备有空气呼吸器、消防器材和绳索等应急用品	□
存在温度过高或过低的可能性	□□	配有降温设备或防寒服	□
照明灯具类的电压是否符合规定	□□	有足够安全的照明设备 确认符合安全电压、特低压要求	□ □
检测、照明、通信设备是否符合防爆要求	□□	确认符合防爆要求	□
在正常条件下（进/出）是否有危险性	□□	后备人员与密闭空间作业人员有良好的通信	□
其他补充危险描述：		其他补充控制措施描述：	

	检测项目	有毒介质	可燃气体	氧含量	取样时间	取样部位	检测人
检测分析（必要时）	标准						
	检测数据						

作业负责人签名：
部门负责人签名：
现场监护人员签名：

安全部门审批人意见：　　　　签名：　　　　年　月　日
单位负责人审批签名（若需要）：　　　　年　月　日

作业前，监护人验票签字：　　　　年　月　日　时
施工结束验收检查签名：　　　　年　月　日　时

1. 有限空间作业：进入封闭或部分封闭，进出口较为狭窄有限，未被设计为固定工作场所，自然通风不良，易造成有毒有害、易燃易爆物质积聚或氧含量不足的空间实施的作业活动。

2. 有限空间作业现场应有专职监护人员，作业人员应与监护人员进行必要的、有效的双向信息交流。作业中如出现异常状况时，应迅速清点人员，并全部撤离现场。

3. 本申请单一式三联，由申请部门、现场监护人、审批部门各执一联，保存期限至少 1 年。

附 录 F
（资料性附录）
大型吊装作业申请单格式

申请日期		编号	
吊装地点		申请人	
吊装内容		吊装作业人员签名：	
起吊物体	重量（t）____高度（m）_____长度（m）_____宽度（m）____		
作业时间	年 月 日 时 分至 年 月 日 时 分		
承包商公司名称		承包商公司应具有相应资质，并在其等级许可范围内施工	
承包商负责人签名		对资质、操作证进行检查并取得复印件	是□否□
危险识别	是/否	安全措施	被要求
大型吊装作业方案、安全措施是否明确	□□	制订并审批作业方案，作业前对作业人员进行安全教育	□
吊装区监护人职责是否明确	□□	指派专人监护作业现场	□
吊装作业必需的劳保品、安全工器具到位否	□□	作业人员按规定佩戴防护器具和个体防护用品	□
吊装区域范围是否确定，是否设置安全防护标识	□□	作业现场按要求设置围栏、警戒线、警告牌、夜间警示灯，无关人员不得进入现场	□
是否夜间作业，夜间照明是否足够	□□	夜间作业有足够的照明	□
起重机械、吊索具等点检是否确认，安全装置是否有效	□□	起重吊装设备、钢丝绳、揽风绳、链条、吊钩等机具，以及安全附件装置，安全可靠	□
工作环境—施工时（露天作业）现场遇到大雪、暴雨、大雾及6级以上大风	□□	室外作业遇到大雪、暴雨、大雾及6级以上大风，停止作业	□
触电—作业范围内是否有带电线路、架空线路	□□	吊装绳索、揽风绳、拖拉绳等避免同带电线路接近，并保持安全距离；作业安全高度和转臂安全范围内，无架空线路。否则不得进行吊装作业	□
高处坠落—是否存在人员随同吊装重物或吊装机械升降的情况	□□	人员随同吊装重物或吊装机械升降，应采取可靠的安全措施，并经现场指挥人员批准	□
施工现场是否位于易燃易爆场所	□□	在易燃易爆危险区域内作业，机动车排气管已装火星熄灭器	□
起重伤害—吊物重量、重心位置是否明确，吊物下是否有人站立	□□	悬吊重物下方站人或通行、重物重量或重心不明确时，严禁吊装	□
地面承重及保护措施是否符合要求	□□	地下通信及局域网络电/光缆、排水沟的盖板，承重吊装机械的负重量已确认，保护措施已落实	□
其他补充危险描述：		其他补充控制措施描述：	

作业负责人签名：
部门负责人签名：
现场监护人员签名：

安全部门审批人意见： 签名： 年 月 日
高度危险吊装作业会签（若需要）： 年 月 日
单位负责人审批签名（若需要）： 年 月 日

作业前，监护人验票签字： 年 月 日 时
完工验收检查签名： 年 月 日 时

1. 吊装作业：在检查、维修过程中利用吊装机具将设备、工件、器具、材料等吊起，使其发生位置变化的作业过程。
2. 大型吊装作业：吊装物体形状复杂、刚度小、长径比大、精密贵重，以及在特殊作业条件下的吊装作业。大型吊装作业前，应编制吊装作业方案、施工安全措施和应急救援预案，视安全风险程度，经安全部门负责人或单位负责人审批后方可施工作业。
3. 本申请单一式三联，由申请部门、吊装作业人员、审批部门各持一联，保存期限至少1年。

附　录　G
（资料性附录）
动火作业申请单格式

<table>
<tr><td>申请日期</td><td colspan="3"></td><td>编号</td><td colspan="2"></td></tr>
<tr><td>动火地点</td><td colspan="3"></td><td>申请人</td><td colspan="2"></td></tr>
<tr><td>任务描述</td><td colspan="3"></td><td>动火等级</td><td colspan="2">二级□　一级□</td></tr>
<tr><td>动火方式</td><td colspan="3"></td><td colspan="3">动火人签名：</td></tr>
<tr><td>动火时间</td><td colspan="6">年　月　日　时　分至　年　月　日　时　分</td></tr>
<tr><td>承包商名称</td><td></td><td colspan="5">应具有国家规定的相应资质，并在其等级许可范围内施工</td></tr>
<tr><td>承包商负责人签名</td><td></td><td colspan="4">对施工人员资质检查并取得复印件</td><td>是□否□</td></tr>
<tr><td colspan="2">危险识别</td><td>是/否</td><td colspan="3">控制措施</td><td>被要求</td></tr>
<tr><td colspan="2">工作部位内原有介质为可燃气体/固体/液体</td><td>□□</td><td colspan="3">采用不燃物对可能的飞溅火花做有效阻隔</td><td>□</td></tr>
<tr><td colspan="2">工作部位内原有介质为氧化性气体/固体/液体</td><td>□□</td><td colspan="3">用物理隔离方法隔绝来自上下游可燃气源</td><td>□</td></tr>
<tr><td colspan="2">施工现场是否位于易燃易爆场所</td><td>□□</td><td colspan="3">落实隔离等安全措施，作业前对作业人员进行有针对性的安全教育</td><td>□</td></tr>
<tr><td colspan="2">工作部位或物体是否是盛有或盛过危险化学品的容器、设备、管道等</td><td>□□</td><td colspan="3">在动火前进行清洗置换，经分析合格后，方可动火作业</td><td>□</td></tr>
<tr><td colspan="2">实施动火作业时工作部位依然处于运行状态</td><td>□□</td><td colspan="3">保持管线内正压（针对正在运行的系统）</td><td>□</td></tr>
<tr><td colspan="2">施工时（露天作业）现场风力大于 5 级</td><td>□□</td><td colspan="3">清理干净动火地点周围 15m 内的可燃物/易燃物</td><td>□</td></tr>
<tr><td colspan="2">施工时是否会产生溅落火花/物</td><td>□□</td><td colspan="3">设置防火隔离带或警示标志</td><td>□</td></tr>
<tr><td colspan="2">是否使用气焊/割设备</td><td>□□</td><td colspan="3">乙炔瓶和氧气瓶间距大于 5m，两者距离动火点超过 10m，且避免阳光暴晒</td><td>□</td></tr>
<tr><td colspan="2">动火地点周围 15m 范围内的下水井/道是否存在可燃物/易燃物</td><td>□□</td><td colspan="3">施工现场 5m 内配备灭火器___个，消防水龙___根，加设警戒措施，防止无关人员经过</td><td>□</td></tr>
<tr><td colspan="2">动火地点是否位于公共场所</td><td>□□</td><td colspan="3">采取隔离等安全措施，设置防火隔离带或警示标，指派专人监护作业现场</td><td>□</td></tr>
<tr><td colspan="2">其他补充危险描述：</td><td colspan="5">其他补充控制措施描述：</td></tr>
<tr><td colspan="2">个人防护用品</td><td colspan="5">面罩　□　　防火服　□
防护手套（高温）　□　　阻燃防护鞋/靴　□</td></tr>
<tr><td colspan="7">动火部位作业负责人签名：
部门负责人签名：
监护人签名：</td></tr>
<tr><td colspan="7">消防主管部门审批人意见：　　签名：　　年　月　日
一级动火会签（若需要）：　　年　月　日
单位负责人审批签名（若需要）：　　年　月　日</td></tr>
<tr><td colspan="7">动火前，监护人验票签字：　　年　月　日　时
施工结束验收检查签名：　　年　月　日　时</td></tr>
<tr><td colspan="7">1. 动火作业：在禁火区进行焊接与切割作业及在易燃易爆场所使用喷灯、电钻、砂轮等进行可能产生火焰、火花和炽热表面的临时性作业。
2. 一级动火作业：在易燃易爆场所进行动火作业。二级动火作业：除一级动火作业以外的禁火区的动火作业。
3. 二级动火作业由消防部门审批后实施，一级动火作业经各相关职能部门会签、单位负责人审批后实施。
4. 本申请单一式三联，由动火申请部门、动火作业人和消防审批部门各持一联，保存期限至少 1 年。</td></tr>
</table>

附 录 H
（资料性附录）
低压临时用电作业申请单格式

<table>
<tr><td>申请日期</td><td colspan="3"></td><td>编号</td><td></td></tr>
<tr><td>作业时间</td><td colspan="3">年 月 日 时 分至 年 月 日 时 分</td><td>申请人</td><td></td></tr>
<tr><td>作业地点</td><td colspan="5"></td></tr>
<tr><td>作业内容（若需要，附接线图）</td><td colspan="3">用电设备及功率：__________ 工作电压：_______</td><td colspan="2">作业人员签名：</td></tr>
<tr><td colspan="2">承包商名称：</td><td colspan="4">应具有国家规定的相应资质，并在其等级许可范围内开展施工业务</td></tr>
<tr><td colspan="2">承包商负责人签名：</td><td colspan="3">对施工厂商及人员资质检查并取得复印件</td><td>是□否□</td></tr>
<tr><td colspan="2">危险识别</td><td>是/否</td><td colspan="2">控制措施</td><td>被要求</td></tr>
<tr><td colspan="2" rowspan="8">电击</td><td rowspan="8">□□</td><td colspan="2">断开电源</td><td>□</td></tr>
<tr><td colspan="2">临近裸露带电导体采取隔离措施</td><td>□</td></tr>
<tr><td colspan="2">采用绝缘工具，铺设绝缘垫</td><td>□</td></tr>
<tr><td colspan="2">作业人员穿戴绝缘手套、绝缘靴</td><td>□</td></tr>
<tr><td colspan="2">检验设备设施确认无电，并接地</td><td>□</td></tr>
<tr><td colspan="2">用电设备、线路容量、负荷应符合要求</td><td>□</td></tr>
<tr><td colspan="2">装有总开关控制和漏电保护装置，每一分路应装设与负荷匹配的熔断器</td><td>□</td></tr>
<tr><td colspan="2">现场设立警告标志等</td><td>□</td></tr>
<tr><td colspan="2" rowspan="5">电弧/爆炸</td><td rowspan="5">□□</td><td colspan="2">检测作业场所开关电器为防爆型</td><td>□</td></tr>
<tr><td colspan="2">禁止携带火种进入</td><td>□</td></tr>
<tr><td colspan="2">穿戴防火服、防火面罩、防火手套等</td><td>□</td></tr>
<tr><td colspan="2">严禁在有爆炸和火灾危险场所架设临时线路</td><td>□</td></tr>
<tr><td colspan="2">对作业人员进行安全教育</td><td>□</td></tr>
<tr><td colspan="2" rowspan="2">电线占道</td><td rowspan="2">□□</td><td colspan="2">架设高度符合要求，设立明显安全警示标志，并设专人值守</td><td>□</td></tr>
<tr><td colspan="2">作业前对作业人员进行安全教育</td><td>□</td></tr>
<tr><td colspan="3">其他补充危险描述（破损\乱接\保护器等）：</td><td colspan="3">其他补充控制措施描述：</td></tr>
<tr><td colspan="6">作业负责人签名：
部门负责人签名：
现场监护人员签名：</td></tr>
<tr><td colspan="6">电气工程师审查签名：
安全部门审批人意见： 签名： 年 月 日</td></tr>
<tr><td colspan="6">作业前，监护人验票签字： 年 月 日 时
拆除时间： 年 月 日 时 监督拆除者： 年 月 日 时
完工验收检查签字： 年 月 日 时</td></tr>
<tr><td colspan="6">1. 低压临时用电作业：从低压配电室（或开关）出线端接入移动式电源箱，或者从固定的低压配电箱、柜、板上接出临时线路供电的用电方式，称为低压临时用电。
2. 低压临时用电每次申请使用期限不得超过 15 天，若需延长应办理延期手续。同一临时用电作业最长不得超过 3 个月。
3. 用电施工现场周围不得存放易燃易爆物、污源和腐蚀介质。
4. 申请单一式三联，由申请部门、现场作业人员、审批部门各持一联，保存期限至少 1 年。</td></tr>
</table>

附　录　I
（规范性附录）
特 种 作 业 目 录

I.1　电工作业

I.1.1　定义

指对电气设备进行运行、维护、安装、检修、改造、施工、调试等作业（不含电力系统进网作业）。

I.1.2　高压电工作业

指对 1kV 及以上的高压电气设备进行运行、维护、安装、检修、改造、施工、调试、试验及对绝缘工器具进行试验的作业。

I.1.3　低压电工作业

指对 1kV 以下的低压电器设备进行安装、调试、运行操作、维护、检修、改造施工和试验的作业。

I.2　焊接与热切割作业

I.2.1　定义

指运用焊接或者热切割方法对材料进行加工的作业（不含《特种设备安全监察条例》规定的有关作业）。

I.2.2　熔化焊接与热切割作业

指使用局部加热的方法将连接处的金属或其他材料加热至熔化状态而完成焊接与切割的作业。

适用于气焊与气割、焊条电弧焊与碳弧气刨、埋弧焊、气体保护焊、等离子弧焊、电渣焊、电子束焊、激光焊、氧熔剂切割、激光切割、等离子切割等作业。

I.2.3　压力焊作业

指利用焊接时施加一定压力而完成的焊接作业。

适用于电阻焊、气压焊、爆炸焊、摩擦焊、冷压焊、超声波焊、锻焊等作业。

I.2.4　钎焊作业

指使用比母材熔点低的材料作钎料，将焊件和钎料加热到高于钎料熔点，但低于母材熔点的温度，利用液态钎料润湿母材，填充接头间隙并与母材相互扩散而实现连接焊件的作业。

适用于火焰钎焊作业、电阻钎焊作业、感应钎焊作业、浸渍钎焊作业、炉中钎焊作业，不包括烙铁钎焊作业。

I.3　高处作业

I.3.1　定义

指凡在坠落高度基准面 2m 及以上有可能坠落的高处进行的作业。

I.3.2　登高架设作业

指在高处从事脚手架、跨越架架设或拆除的作业。

I.3.3　高处安装、维护、拆除作业

指在高处从事安装、维护、拆除的作业。

适用于利用专用设备进行建筑物内外装饰、清洁、装修，电力、电信等线路架设，高处管道架设，小型空调高处安装、维修，各种设备设施与户外广告设施的安装、检修、维护以及在高处从事建筑物、设备设施拆除作业。

附 录 J
（规范性附录）
特种设备检验周期

<table>
<tr><th>序号</th><th colspan="2">设备种类</th><th colspan="2">检验周期</th></tr>
<tr><td rowspan="3">1</td><td colspan="2" rowspan="3">锅炉</td><td>外部检验</td><td>一般每年一次</td></tr>
<tr><td>内部检验</td><td>一般每 2 年一次</td></tr>
<tr><td>水压试验</td><td>一般每 6 年一次</td></tr>
<tr><td rowspan="9">2</td><td rowspan="9">压力容器</td><td rowspan="3">固定式</td><td>年度检验</td><td>每年至少一次</td></tr>
<tr><td>全面检验</td><td>首检周期不超过 3 年；安全状况等级为 1、2 级的，每 6 年至少一次；安全状况等级为 3 级的，每 3 年至少一次</td></tr>
<tr><td>水压试验</td><td>每两次全面检验期间内至少进行一次</td></tr>
<tr><td rowspan="6">气瓶</td><td colspan="2">盛装腐蚀性气体的气瓶，每 2 年检验一次</td></tr>
<tr><td colspan="2">盛装一般气体的气瓶，每 3 年检验一次</td></tr>
<tr><td colspan="2">盛装惰性气体的气瓶，每 5 年检验一次</td></tr>
<tr><td colspan="2">盛装液化石油气钢瓶，对 YSP-0.5 型、YSP-2.0 型、YSP-5.0 型、YSP-10 型和 YSP-15 型，自制造日期起，第一次至第三次检验的检验周期均为 4 年，第四次检验有效期为 3 年；对 YSP-50 型，每 3 年检验一次</td></tr>
<tr><td colspan="2">车用液化石油气钢瓶，每 5 年检验一次</td></tr>
<tr><td colspan="2">车用压缩天然气钢瓶，首次检验和第二次检验为每 3 年进行一次，第二次检验后每 2 年进行一次；对出租车用或载人车用压缩天然气钢瓶的检验每 2 年进行一次，第二次检验的有效期为一年</td></tr>
<tr><td rowspan="2">3</td><td rowspan="2">压力管道</td><td rowspan="2">工业管道</td><td>在线检验</td><td>每年至少检验一次</td></tr>
<tr><td>全面检验</td><td>首检周期不超过 3 年；安全状况等级为 1 级和 2 级的检验周期一般不超过 6 年；安全状况等级为 3 级的，检验周期一般不超过 3 年；安全状况等级为 4 级的，应报废</td></tr>
<tr><td>4</td><td colspan="2">电梯</td><td colspan="2">定期检验，周期为 1 年</td></tr>
<tr><td>5</td><td colspan="2">起重机械</td><td colspan="2">轻小型起重设备、桥式起重机、门式起重机、门座起重机、缆索起重机、桅杆起重机、铁路起重机、旋臂起重机、机械式停车设备每 2 年 1 次，其中吊运熔融金属和炽热金属的起重机每年 1 次；塔式起重机、升降机、流动式起重机每年 1 次</td></tr>
<tr><td>6</td><td colspan="2">厂内机动车辆</td><td colspan="2">定期检验，周期为 1 年</td></tr>
<tr><td>7</td><td rowspan="5">主要安全附件及安全保护装置</td><td>安全阀</td><td colspan="2">每年至少校验一次；特殊情况按相应的技术规范规定执行</td></tr>
<tr><td>8</td><td>压力表</td><td colspan="2">每年至少校验一次；装设在锅炉上的压力表应每半年至少校验一次</td></tr>
<tr><td>9</td><td>爆破片</td><td colspan="2">根据厂家设计确定（一般 2 年～3 年内更换），在苛刻条件下使用的应每年更换</td></tr>
<tr><td>10</td><td>限速器</td><td colspan="2">每 2 年应进行限速器动作速度校验一次</td></tr>
<tr><td>11</td><td>防坠安全器</td><td colspan="2">每 2 年应进行安全器动作速度校验一次</td></tr>
</table>

附　录　K
（规范性附录）
起重工具检查与试验的要求和周期

序号	工具	检查与试验的要求		周期
1	白棕绳 纤维绳	检查	绳子光滑、干燥，无磨损现象	1月
		试验	以2倍允许负荷进行10min的静力试验，不应有断裂和显著的局部延伸	1年
2	起重用 钢丝绳	检查	a）绳扣可靠，无松动现象； b）钢丝绳无严重磨损现象； c）钢丝绳断丝根数在规程规定限度内	1月
		试验	以2倍额定荷载进行10min的静力试验，不应有断裂及显著的局部延伸现象	1年
3	合成纤维 吊装带	检查	吊装带外部护套无破损，内芯无断裂	1月
		试验	以1.25倍额定荷载进行10min的静力试验，不应有断裂现象	1年
4	链条	检查	链节无严重锈蚀、磨损或裂纹。链节磨损达原直径的10%应报废，发生裂纹应报废	1月
		试验	以2倍额定荷载进行10min的静力试验，链条不应有断裂、显著的局部延伸及个别链节拉长等现象，塑性变形达原长度的5%时应报废	1年
5	滑轮	检查	a）滑轮完整灵活； b）滑轮杆无磨损现象，开口销完整； c）吊钩无裂纹、无变形； d）润滑油充分	1月
		试验	a）新装或大修后，以1.25倍额定荷载进行10min的静力试验后，再以1.1倍允许荷重做动力试验，无裂纹、无显著局部延伸现象； b）一般的定期试验，以1.1倍额定荷载进行10min的静力试验； c）磨损测量：轮槽臂厚磨损达原尺寸的20%，轮槽不均匀磨损达3mm以上，轮槽底部直径减少量达钢丝绳直径的50%应予报废	1年
6	夹头、 卡环等	检查	丝扣良好，表面无裂纹	1月
		试验	以1.25倍额定荷载进行10min的静力试验	1年
7	吊钩	检查	a）无裂纹或显著变形； b）无严重腐蚀、磨损现象； c）防脱钩装置完好； d）润滑油充分，转动灵活	1月
		试验	a）以1.25倍额定荷载进行10min的静力试验后，再以1.1倍允许荷重做动力试验无裂纹； b）磨损及变形测量，出现下述情况之一时，应予报废：危险断面磨损达原尺寸的5%；开口度比原尺寸增加10%；扭转变形超过10°；危险断面或吊钩颈部产生塑性变形	1年
		试验	a）新安装或经过大修后的，以1.25倍额定荷载进行10min的静力试验后，以1.1倍允许荷重做动力试验，结果不应有裂纹、显著局部延伸现象； b）一般的定期试验，以1.1倍额定荷载进行10min的静力试验	1年

附 录 L
（规范性附录）
起重工器具报废标准

L.1 钢丝绳

L.1.1 起重机械钢丝绳在一个捻节距内断丝数达钢丝绳总丝数的 10%。
L.1.2 钢丝径向磨损或腐蚀量超过原直径的 40%则应报废，当不到 40%时，可按规定折减断丝数报废。
L.1.3 起重机械吊运炽热金属或危险品的钢丝绳的报废丝数，取一般起重机用钢丝绳报废标准的一半数。
L.1.4 对于符合 ISO 2408 标准所规定的结构钢丝绳，报废的断丝数应按 GB 5972 中规定数执行。
L.1.5 整条绳股断裂应报废。
L.1.6 当钢丝绳直径相对于公称直径减小 7%或更多时，即使未发现断丝，该钢丝绳也应报废。
L.1.7 麻芯外露应报废。
L.1.8 钢丝绳有明显的腐蚀应报废。
L.1.9 局部外层钢丝伸长呈笼型状态应报废。

L.2 卸扣

L.2.1 有明显永久变形或轴销不能转动自如。
L.2.2 扣体和轴销任何一处截面磨损量达原尺寸的 10%以上。
L.2.3 卸扣任何一处出现裂纹。
L.2.4 卸扣不能闭锁。
L.2.5 卸扣试验后不合格。

L.3 合成纤维吊装带

L.3.1 织带（含保护套）严重磨损、穿孔、切口、撕断。
L.3.2 承载接缝绽开、缝线磨断。
L.3.3 吊带纤维软化、老化、弹性变小、强度减弱。
L.3.4 纤维表面粗糙易于剥落。
L.3.5 吊带出现死结。
L.3.6 吊带表面有过多的点状疏松、腐蚀，酸碱烧损以及热熔化或烧焦。
L.3.7 带有红色警戒线吊带的警戒线裸露。

L.4 麻绳（剑麻白棕绳）、纤维绳

L.4.1 绳被切割、断股、严重擦伤、绳股松散或局部破裂。
L.4.2 绳表面纤维严重磨损，局部绳径变细，或任一绳股磨损达原绳股 1/3。
L.4.3 绳索捻距增大。
L.4.4 绳索内部绳股间出现破断，有残存碎纤维或纤维颗粒。
L.4.5 纤维出现软化或老化，表面粗糙纤维极易剥落，弹性变小、强度减弱。
L.4.6 严重折弯或扭曲。
L.4.7 绳索发霉变质、酸碱烧伤、热熔化或烧焦。
L.4.8 绳索表面过多点状疏松、腐蚀。
L.4.9 插接处破损、绳股拉出、索眼损坏。

L.5 吊钩

L.5.1 吊钩出现裂纹。

L.5.2 危险断面磨损或腐蚀，按 GB/T 10051.2 制造的吊钩（含进口吊钩）达原尺寸的 5%；其他吊钩达原尺寸的 10%。

L.5.3 钩柄产生塑性变形。

L.5.4 按 GB/T 10051.2 制造的吊钩开口度比原尺寸增加 10%；其他吊钩开口度比原尺寸增加 15%。

L.5.5 钩身的扭转角超过 10°。

L.5.6 钩片侧向弯曲变形半径小于板厚 10 倍。

L.5.7 板钩衬套磨损达原尺寸的 50%时，应报废衬套。

L.5.8 板钩心轴磨损达原尺寸的 5%时，应报废心轴。

L.5.9 板钩铆钉松弛或损坏，使板间间隙明显增大，应更换铆钉。

L.5.10 板钩防磨板磨损达原厚度的 50%时，应报废防磨板。

L.6 滑轮

L.6.1 滑轮出现裂纹。

L.6.2 轮槽不均匀磨损达 3mm。

L.6.3 轮槽壁厚磨损达原壁厚的 20%。

L.6.4 滑轮槽底磨损，铸造滑轮达钢丝绳原直径的 30%。

L.6.5 滑轮轴磨损量达原直径的 3%。

国家电网公司电工制造安全工作规程

编 制 说 明

目　次

1 编制背景

国家电网公司（简称公司）所属电工制造企业涉及变压器、组合电器、断路器、隔离（接地）开关、互感器、电线电缆、杆塔、复合绝缘子、高压高温管件、风电设备、自动化设备等电工电气产品的加工、制造，是以零部件制造、表面处理、成品装配为一体的机械制造企业。主要采用机械加工、焊接、切割、电镀、喷涂、装配、包装等生产工艺。生产过程大量使用金属切削、冲、剪、压、电气、工业炉窑、射线探伤、酸碱油槽、计量仪器仪表、起重、运输及其他专用设备等，作业场所存在一定的安全风险，员工在操作设备设施时，如果没有科学、规范的安全工作规程作指导，势必会发生生产安全事故。

为进一步加强公司系统电工制造作业现场管理，规范各类人员的行为，保证人身和设备安全，国家电网公司提出了编制电工制造安全工作规程的任务，并下发了《国家电网公司关于下达 2014 年度公司技术标准制修订计划的通知》（国家电网科〔2014〕64 号）。本标准编制的主要目的是通过制订内容齐全、格式规范的安全工作规程，促进公司系统装备制造企业严格执行国家以及公司的安全生产法律法规和规章，并能更好地指导现场作业，为作业人员创造安全的作业空间，从源头上消除事故隐患，切实保障员工的生命安全和公司的财产安全。

2 编制主要原则

1） 根据《国家电网公司关于下达 2014 年度公司技术标准制修订计划的通知》（国家电网科〔2014〕64 号）的要求，结合装备制造业现场实际，编制本标准。

2） 本标准的编制遵守现有相关法律、条例、标准和导则，并遵循公司技术标准的编写要求。

3） 所有安全技术指标都与国家标准、行业标准中相应的指标相符。

4） 充分汲取公司系统各网省公司、直属单位的安全管理经验，与《国家电网公司安全工作规定》、Q/GDW 1799.1—2013《国家电网公司电力安全工作规程 变电部分》、Q/GDW 1799.2—2013《国家电网公司电力安全工作规程 线路部分》等公司规章制度、标准保持一致。

5） 本标准明确公司系统电工制造企业作业人员在变压器与开关等电气设备、杆塔线缆与电瓷金具等电工器材制造场所应遵守的基本安全要求。

6） 本标准适用于在公司系统电工电气产品的机械加工与制造、起重与运输、涂装与电镀、装配与调试、检测与试验等相关场所工作的所有人员。

3 与其他标准文件的关系

本标准的结构、编写规则、规范性技术要素等，符合 GB/T 1.1《标准化工作导则 第 1 部分：标准的结构和编写》、DL/T 800《电力企业标准编制规则》等要求，内容不涉及专利、软件著作权使用问题。

本标准涉及的技术内容较为广泛，在对其制订过程中，除了主要依据和参照国家、行业职业安全卫生标准外，根据制订工作的需要还作为技术资料参考了 AQ/T 9006《企业安全生产标准化基本规范》等标准，其中依据的标准如下：

GBZ 188 职业健康监护技术规范

GBZ/T 229.1 工作场所职业病危害作业分级 第 1 部分：生产性粉尘

GBZ/T 229.2 工作场所职业病危害作业分级 第 2 部分：化学物

GBZ/T 229.3 工作场所职业病危害作业分级 第 3 部分：高温

GBZ/T 229.4 工作场所职业病危害作业分级 第 4 部分：噪声

GB/T 3608 高处作业分级

GB/T 3787 手持式电动工具的管理、使用、检查和维修安全技术规程

GB 4674 磨削机械安全规程

GB 5226.1 机械电气安全 机械电气设备 第 1 部分：通用技术条件

GB/T 5972　起重机　钢丝绳　保养、维护、安装、检验和报废
GB/T 8196　机械安全　防护装置　固定式和活动式防护装置设计与制造一般要求
GB/T 11651　个体防护装备选用规范
GB 12942　涂装作业安全规程　有限空间作业安全技术要求
GB 13690　化学品分类和危险性公示　通则
GB/T 13861　生产过程危险和有害因素分类与代码
GB/T 13869　用电安全导则
GB 15052　起重机　安全标志和危险图形符号　总则
GB 15577　粉尘防爆安全规程
GB 15603　常用化学危险品贮存通则
GB/T 16178　场（厂）内机动车辆安全检验技术要求
GB 16754　机械安全　急停　设计原则
GB/T 18831　机械安全　带防护装置的联锁装置设计和选择原则
GB/T 19671　机械安全　双手操纵装置　功能状况及设计原则
GB 23821　机械安全　防止上下肢触及危险区的安全距离
GB 50052　供配电系统设计规范
GB 50057　建筑物防雷设计规范
GB 50222　建筑内部装修设计防火规范
GB 50444　建筑灭火器配置验收及检查规范
AQ 3009　危险场所电气防爆安全规范
AQ/T 9006　企业安全生产标准化基本规范
JGJ 46　施工现场临时用电安全技术规范
TSG R7001　压力容器定期检验规则
TSG Q7015　起重机械定期检验规则

4　主要工作过程

2014 年 2 月～3 月，项目启动，平高集团有限公司在河南省平顶山市召开了《国家电网公司电力安全工作规程（装备制造业）》（以下简称《安规》）编制研讨会，确定并通过了《安规》编制大纲。

2014 年 5 月，成立《安规》编写组，完成《安规》初稿的起草并报送上级审核。

2014 年 3 月～6 月，成立《安规》编制工作组，完成《安规》初稿的起草并报送上级审核。

2014 年 7 月，国网安质部组织专家在北京对《安规》初稿进行了第一次正式讨论，提出了修改意见。

2014 年 9 月，完成《安规》征求意见稿，并在直属装备制造企业内征求意见。

2014 年 11 月，根据各单位反馈意见进行修改完善，形成《安规》送审稿。

2014 年 11 月 20 日～21 日，国网安质部组织专家在河南省平顶山市对送审稿进行审查。

2014 年 12 月，形成报批稿，上报国网科技部审核。

5　标准结构和内容

本标准的主要内容共八章。

第 4 章为总则，包括作业人员的基本条件、教育和培训、生产现场的基本条件、推广“四新”的安全要求、违章与紧急情况处置要求。

第 5 章为保证危险作业安全的组织措施，主要包括安全组织措施种类、作业分析制度、作业申请制度、作业监护制度、作业终结间断制度。

第 6 章为通用作业，主要包括基本要求、厂内用电作业、高处作业与交叉作业、有限空间作业、起

重作业、运输作业、焊接与切割作业、动火作业、热处理作业、组装与解体作业、清洗与烘干作业。

第 7 章为工器具与小型机具作业，主要包括基本要求、通用工具作业（钳工台、虎钳、手锤、扁铲、錾子、凿子、铳子、锉刀、刮刀、扳手、螺丝刀、手锯、千斤顶、手持砂轮机、手持磨光机、手电钻、风动砂轮、气动、电动扳手）、液压工器具作业（液压钳、液压站）。

第 8 章为加工机械作业，主要包括基本要求、金属切削机械作业（一般规定、普通车床、立式车床、镗床、钻床、磨床、铣床、刨床、数控机床与加工中心）、冲剪压锻作业（冲床、塔式冲床、剪床、摩擦压力机、油压机、折边机、切边机、卷板机）、木工机械作业（一般规定、木工锯床、木工刨床）、绕线机作业、砂轮机作业。

第 9 章为表面处理作业，主要包括基本要求、电镀作业（槽液配制、氰化电镀）、热镀锌作业、涂装作业（溶剂型涂料涂装、粉末涂装）。

第 10 章为绝缘件、电线电缆制造作业，主要包括绝缘件制造作业［喷口制造、硅橡胶炼制、环氧树脂浇注、硅橡胶注射、装（脱）模、法兰浇装］、电线电缆制造作业［一般规定、铜铝连铸连轧、扒渣与清渣、铜线与铝线拉制、绞制（导线、线芯）、挤塑、交联、成缆、绕包］。

第 11 章为检测与试验作业，主要包括基本要求、检测作业［磁粉、着色（渗透）和荧光探伤、射线探伤（测厚）、气相分析、金属材质分析］、试验作业（一般规定、高压电气试验、机械特性和操作试验、水压和气密性试验、电线电缆热延伸与老化试验及燃烧和低温拉力试验、电线电缆局部放电试验、电线电缆冲击耐压试验、电线电缆交流耐压试验、绝缘子抗弯和拉力试验）。
